mentor Abiturhilfe

Biologie

Oberstufe

Stoffwechsel

Reiner Kleinert
Wolfgang Ruppert
Franz X. Stratil

Mit ausführlichem Lösungsteil

mentor
Eine Klasse besser.

Die Autoren:

Reiner Kleinert, Oberstudienrat für Biologie
Wolfgang Ruppert, Studienrat für Biologie
Franz X. Stratil, Oberstudienrat für Biologie

Illustrationen:
Udo Kipper, Hanau

Layout:
Sabine Nasko, München

Der Text dieses Bandes entspricht der seit 1.8.2006 verbindlichen neuen Rechtschreibung.

Umwelthinweis: Gedruckt auf chlorfrei gebleichtem Papier.

ISBN: 978-3-580-65697-3
Printed in Germany
www.mentor.de

2. 3. 4. 5. 10 09 08 07

Inhalt

Vorwort

> Es ist – sagt er – uns allen klar,
> Dass Leben anfangs pflanzlich war,
> Denn mehr braucht eine Pflanze nicht
> Als etwas Wasser, Salz und Licht
> Und dann noch Kohlendioxid,
> Dass Assimilation geschieht.
>
> aus: JOACHIM ILLIES, Zoologeleien

Liebe Schülerin, lieber Schüler,

dieser Band der Reihe „mentor Abiturhilfen Biologie" bietet Ihnen eine leicht verständliche und doch umfassende Einführung in den **Stoffwechsel von Pflanze, Tier und Mensch**. Ein weiteres Kapitel beschäftigt sich mit der **Ernährung des Menschen**. Mit diesem in sich selbstständigen Kapitel könnten Sie Ihre Beschäftigung mit den Stoffwechselprozessen auch gut beginnen; es beginnt dort, wo der Lernstoff der Mittelstufe endet.

Die Kenntnis physiologischer Prozesse erleichtert Ihnen nicht nur das Verständnis von Vorgängen im eigenen Körper, sondern sorgt auch für mehr Durchblick in so aktuellen und brisanten Gebieten wie der Biotechnologie und des Umweltschutzes.

Wir beginnen mit den abbauenden Stoffwechselvorgängen, da sich hier die biochemischen und biophysikalischen Grundlagen anschaulich demonstrieren lassen. Und wir legen wie bei allen Bänden dieser Reihe besonderen Wert darauf, **komplizierte Sachverhalte verständlich** darzustellen. Deshalb ist dieses Buch als **Arbeitsbuch** konzipiert, das Ihnen mit klassischen Experimenten und typischen Aufgabenstellungen die aktive Auseinandersetzung mit den Inhalten ermöglicht.

Wir danken all den Schülerinnen und Schülern, von denen wir gelernt haben, wo die Verständnisprobleme liegen und wie wir sie am besten lösen können, sowie den Leserinnen und Lesern, die uns in unserer Arbeit immer wieder bestätigen.

Viel Spaß und Erfolg wünschen

Reiner Kleinert,
Wolfgang Ruppert,
Franz X. Stratil

Alle Begriffe, die in diesem Buch mit einem * versehen sind, werden im Glossar am Ende des Buches erläutert.

Abbauende Stoffwechselprozesse

1. Einführung

Wir wollen unsere Überlegungen zum Energiestoffwechsel der Zellen mit einer einfachen, alltäglichen **Beobachtung** beginnen.
Wenn wir **körperliche Arbeit** verrichten, wird uns in der Regel warm, und wir fangen an zu schwitzen.

Nach körperlichen Anstrengungen stellt sich über kurz oder lang ein deutliches Hungergefühl ein, dem wir normalerweise durch Nahrungsaufnahme nachkommen.

Eine solche Situation hat natürlich jeder schon einmal erlebt.
Was wir uns in der Regel nicht klarmachen, ist die Tatsache, dass den beobachtbaren Phänomenen **Energieumwandlungsvorgänge** zugrunde liegen.
Die im Beispiel aufgeführten Verrichtungen kommen durch Muskelkontraktionen zustande. Dabei wandeln die Muskeln die Energie, die in ihren Nährstoffvorräten steckt, zum Teil in Bewegungsenergie und zum Teil in Wärmeenergie um.

Die von den Muskeln verbrauchten Nährstoffvorräte müssen nun wieder aufgefüllt werden. Durch die Nahrungsaufnahme führen wir uns neue **Nährstoffe** zu, in denen die Energie in den **chemischen Bindungen** zwischen den Atomen gespeichert ist.

Die Fähigkeit unseres Organismus zur Bewegung hängt also von der Energiezufuhr durch Nahrung ab. Aber nicht nur das. Auch der hochgeordnete Zustand unseres Organismus ist von dauernder Energiezufuhr abhängig. Essen wir zu wenig, werden wir schlapp und krank. Essen wir gar nichts mehr, erlischt unser Leben.

Alle Systeme, die den Gesetzen der Physik gehorchen (und kein Lebewesen ist davon ausgenommen), streben **ohne Energiezufuhr** einem **Zustand der Unordnung** entgegen. In einer Wohnung, in der nicht regelmäßig aufgeräumt wird, liegen bald Kleidungsstücke, benutztes Geschirr, Bücher usw. verstreut umher; nichts ist mehr an seinem Platz. Nur durch Energiezufuhr (d.h. durch Aufräumen, Spülen, Putzen usw.) kann der ursprüngliche Ordnungszustand wiederhergestellt werden.

Auch **Zellen** sind solche hochgeordneten Gebilde, die ohne Energiezufuhr nicht beständig wären und keine Arbeit leisten könnten. Hinsichtlich der **Energiequellen**, die die Zellen zur Energieversorgung nutzen, können zwei große Gruppen unterschieden werden:

- **Tierische Zellen** entnehmen sie aus den **chemischen Bindungen** der organischen Nährstoffmoleküle *(Teil A)*.
- **Pflanzenzellen** beziehen die Energie für ihre Lebensprozesse aus dem **Sonnenlicht** *(Teil B)*.

Da die Nährstoffe, wie wir zeigen werden, letztlich von den pflanzlichen Organismen gebildet werden, ist die Sonne die **Ausgangsenergiequelle** für alle Zellen.

Trotz dieser fundamentalen Einsicht beginnen wir unsere Darstellung nicht mit dem pflanzlichen Stoffwechsel, sondern mit den **Abbauvorgängen**, wie sie für tierische Organismen (also auch für unseren Organismus) charakteristisch sind.

2. Enzyme im Stoffwechsel der Zellen

2.1 Die Überwindung der Reaktionsträgheit

Tierische Zellen verwerten zur **Energiegewinnung** vor allem **Glukose**. *(Genaueres zur Chemie der Bau- und Inhaltsstoffe in der mentor Abiturhilfe Zellbiologie.)* Glukose wird über mehrere chemische Reaktionen zu Kohlendioxid und Wasser abgebaut. Einen Teil der dabei frei werdenden Energie kann die Zelle speichern und für Arbeitsvorgänge nutzen.

Die chemischen Reaktionen des Glukoseabbaus laufen allerdings nicht spontan ab. Normalerweise ist Glukose unbegrenzt haltbar. Einfach von sich aus reagiert Glukose nicht; oder genauer betrachtet, so unglaublich langsam, dass wir die Geschwindigkeit der Reaktion nicht messen könnten. Glukose ist also **reaktionsträge** (oder **metastabil***, wie die Chemiker sagen).

Diese **Reaktionsträgheit** fast aller biologisch relevanten Moleküle ist eine der **fundamentalen Voraussetzungen des Lebens**, weil es ohne sie keine Zellen und keine Organismen geben würde. Wenn alle Moleküle ständig und ungehindert miteinander reagieren würden, gliche die Erde einem chemischen Chaos, in dem keine Struktur auf längere Sicht bestehen könnte.

Aber auch eine völlige Reaktionsunfähigkeit würde kein Leben ermöglichen. Die einmal gebildeten Strukturen wären zwar ungemein stabil, doch zu keiner Veränderung fähig. Eine lebende Zelle benötigt aber, um existieren zu können, eine riesige Zahl komplizierter chemischer Reaktionen, die insgesamt ihren **Stoffwechsel** bilden. Diese chemischen Reaktionen müssen im Vergleich zur Lebensdauer einer Zelle bzw. eines Organismus **ungeheuer schnell** ablaufen. Nur dann ist gewährleistet, dass einmal gebildete Strukturen auch aufrechterhalten werden und neue entstehen können.

Einen Organismus hervorbringen und ihn am Leben erhalten – das erfordert zwei ganz verschiedene zeitliche Maßstäbe:

- Die Bausteine, aus denen die Zellen zusammengefügt sind, müssen dauerhaft genug sein, um dem Organismus eine gewisse zeitliche Stabilität zu verleihen, die Wachstum und Vermehrung ermöglicht.
- Zur Gewährleistung dieser Funktionen aber müssen in den Zellen viele Moleküle millionenfach schneller miteinander reagieren, als sie dies normalerweise von sich aus tun.

Wie kann die Reaktionsträgheit überwunden werden? Ein Reaktionsgemisch aus 2 Teilen Wasserstoff und 1 Teil Sauerstoff verändert sich bei Zimmertemperatur normalerweise nicht. Wenn wir aber einen kleinen Energiebetrag zuführen (Flamme, elektrischer Funke), kommt eine heftige Reaktion in Gang und läuft unter sehr starker Energieabgabe explosionsartig ab (**Knallgas-Reaktion**).

Die Energie, die wir zuführen müssen, um die Reaktion in Gang zu bringen, nennen wir **Aktivierungsenergie**.

Die Aktivierungsenergie stellt eine Art **Energieschwelle** dar, die überwunden werden muss, um reaktionsträge Stoffe zur Reaktion zu bringen. Sie ist die **Ursache der Reaktionsträgheit**.

In Abbildung 1 ist dieser Sachverhalt grafisch veranschaulicht. Das Diagramm zeigt die **Energiedifferenz** zwischen den Ausgangsstoffen H_2 und O_2 und dem Endprodukt H_2O. Diese Energiedifferenz wird während der Reaktion freigesetzt; deshalb wird sie auch – etwas verwirrend – als **„freie Energie“** bezeichnet.

Des Weiteren zeigt das Diagramm die „Höhe“ der Aktivierungsenergie, die zugeführt werden muss, damit die Reaktion ablaufen kann.

Wir können die Bedeutung der Aktivierungsenergie auch an einem **mechanischen Beispiel** verdeutlichen *(vgl. Abb. 2)*.

Eine Kugel, die vor einem Abhang liegt, rollt niemals von sich aus hinunter. Erst wenn wir ihr einen kleinen Schubs geben (Aktivierungsenergie!), tut sie dies.

Bei **chemischen Reaktionen im Reagenzglas** kann man die Reaktionsträgheit meist durch **Wärmezufuhr** überwinden. Bei einer Temperaturerhöhung um 10°C steigt die Geschwindigkeit der Reaktion auf das 2–3fache. Dieser Zusammenhang ist als **Reaktions-Geschwindigkeits-Temperatur-Regel** (kurz: RGT-Regel) bekannt. Der Effekt der Temperatur beruht darauf, dass die Moleküle häufiger und mit größerer Geschwindigkeit zusammenstoßen.

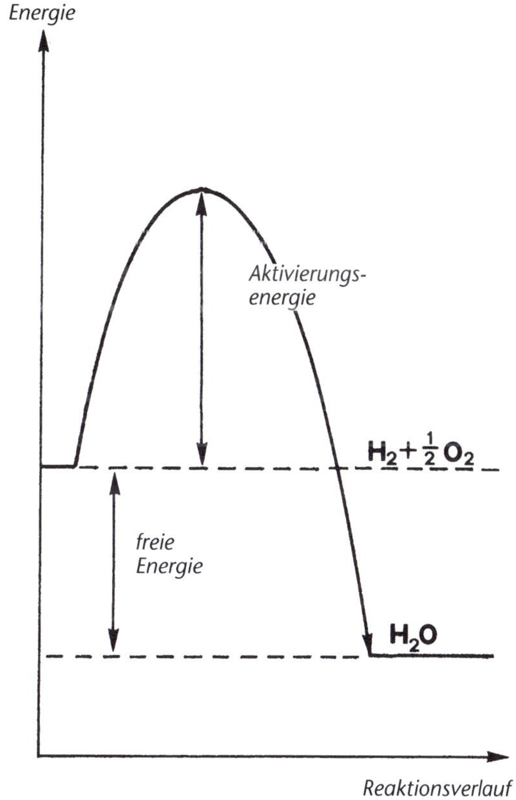

Abb. 1
Energieverhältnisse bei der Knallgas-Reaktion

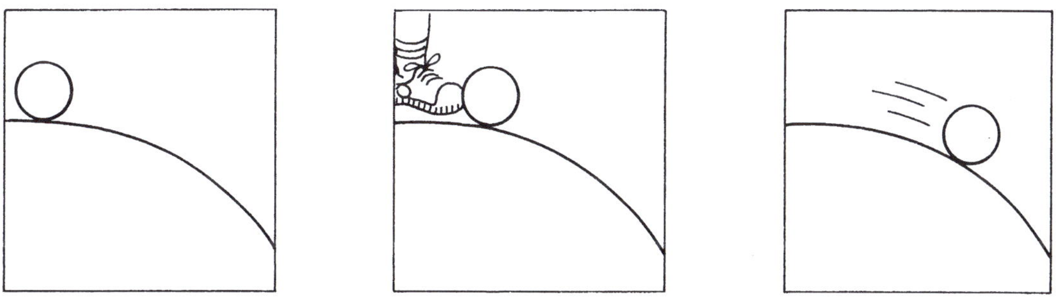

Abb. 2
Mechanisches Beispiel zur Erläuterung der Aktivierungsenergie

In einer **lebenden Zelle** ist die Überwindung der Reaktionsträgheit durch Wärmezufuhr normalerweise nicht möglich. Zum Beispiel herrscht in unserem Organismus eine konstante Binnentemperatur von 37°C, bei der alle Stoffwechselreaktionen ablaufen. Das Problem muss also anders gelöst sein.

Der Trick, dessen sich die Natur seit vier Milliarden Jahren bedient, kann als genial bezeichnet werden. In allen Lebewesen wird die Reaktionsträgheit durch **Enzyme** überwunden.

Enzyme sind **Proteine** einer ganz bestimmten Bauart, die als biologische **Katalysatoren*** wirken. Sie sind in der Lage, **chemische Reaktionen zu beschleunigen** (und damit in unserer Zeitperspektive in Gang zu setzen), indem sie die **Aktivierungsenergie herabsetzen.** Dabei wirken sie durch ihre bloße Anwesenheit. Sie werden nicht verändert und verbrauchen sich dabei auch nicht.

Wir ziehen zur Verdeutlichung noch einmal die **Knallgas-Reaktion** heran.

Wir hatten festgestellt, dass die Ausgangsstoffe H_2 und O_2 nur miteinander reagieren, wenn dem Reaktionsgemisch genügend Aktivierungsenergie zugesetzt wurde. Lässt man das Gemisch jedoch bei Zimmertemperatur über **Platin** strömen, kommt die Reaktion ebenfalls in Gang.

Platin ist ein technischer Katalysator, der z.B. in Auspuffanlagen von Autos verwendet wird. Dieses Edelmetall setzt die Energieschwelle, die normalerweise die Reaktion verhindert, so weit herab, dass die **Zimmertemperatur** ausreicht, um die Moleküle zur Reaktion zu bringen.

Wir wollen für die weiteren Überlegungen noch eine andere Reaktion heranziehen, die durch Platin katalysiert wird: die **Zerlegung von Wasserstoffperoxid** (H_2O_2) in Wasser und Sauerstoff.
Wasserstoffperoxid entsteht immer in kleinen Mengen bei Oxidationsprozessen in wässriger Umgebung, also auch in unserem Körper. Hier sorgt allerdings ein Enzym, die **Katalase,** für eine schnelle Zerlegung in Wasser und Sauerstoff. Auch in diesem Fall wird die Energieschwelle so weit herabgesetzt, dass die **Körpertemperatur** ausreicht, um die Reaktion ablaufen zu lassen.
In welchem Umfang die noch aufzuwendende Aktivierungsenergie durch Katalysatoren herabgesetzt wird, veranschaulicht das folgende Diagramm *(Abb. 3)*:

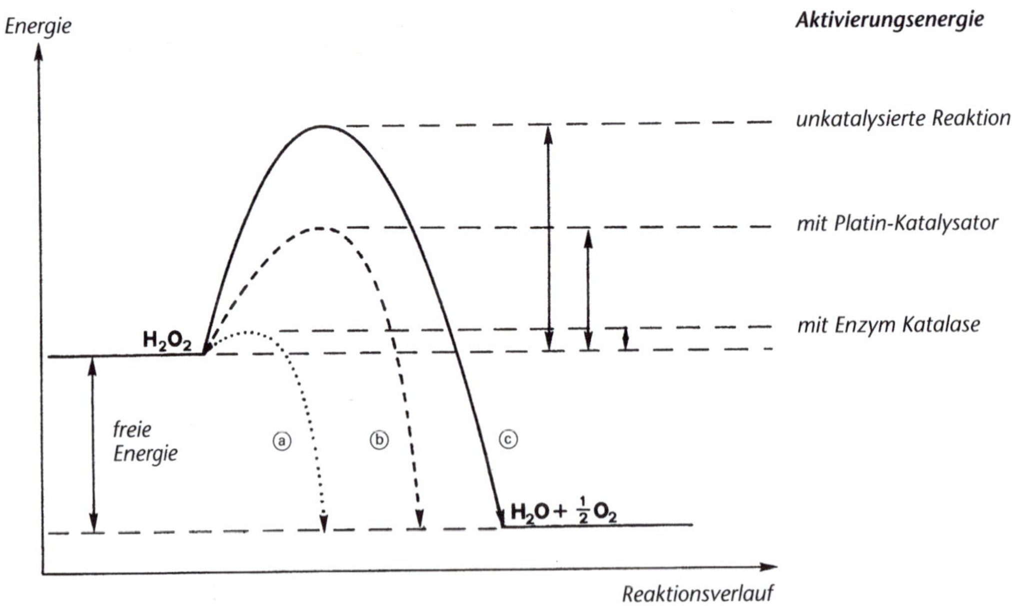

Abb. 3
Energieverhältnisse bei der Zerlegung von Wasserstoffperoxid zu Wasser und Sauerstoff ⓐ ohne Katalysator, ⓑ mit Platin als Katalysator und ⓒ mit Katalase als Enzym

Enzyme sind, stofflich betrachtet, wie alle anderen Proteine nichts anderes als **Kettenmoleküle aus Aminosäuren**, die zu einer jeweils charakteristischen und einzigartigen Raumstruktur (**Konformation***) gefaltet sind. Welche Raumstruktur jeweils realisiert ist, wird einzig und allein von der Reihenfolge der Aminosäuren in der Kette, also von der Aminosäuresequenz bestimmt *(vgl. dazu mentor Abiturhilfe Zellbiologie)*.

Die Raumstruktur von Enzymen zeigt allerdings eine Besonderheit, die für ihre katalytische Wirksamkeit von entscheidender Bedeutung ist: Teile der Aminosäurenkette bilden eine **muldenartige Vertiefung**, in die die Substanz, die reagieren soll, hineinpasst wie ein **Schlüssel** in sein **Schloss**. Die **passende Substanz** wird als **Substrat** bezeichnet, die muldenartige Vertiefung als **aktives Zentrum** *(Abb. 4)*. Die Bezeichnung soll deutlich machen, dass nur diese Stelle an dem viel größeren Enzym die katalytische Wirkung entfalten kann.

Eine ungefähre Vorstellung von den tatsächlichen räumlichen Verhältnissen gibt die folgende Abbildung:

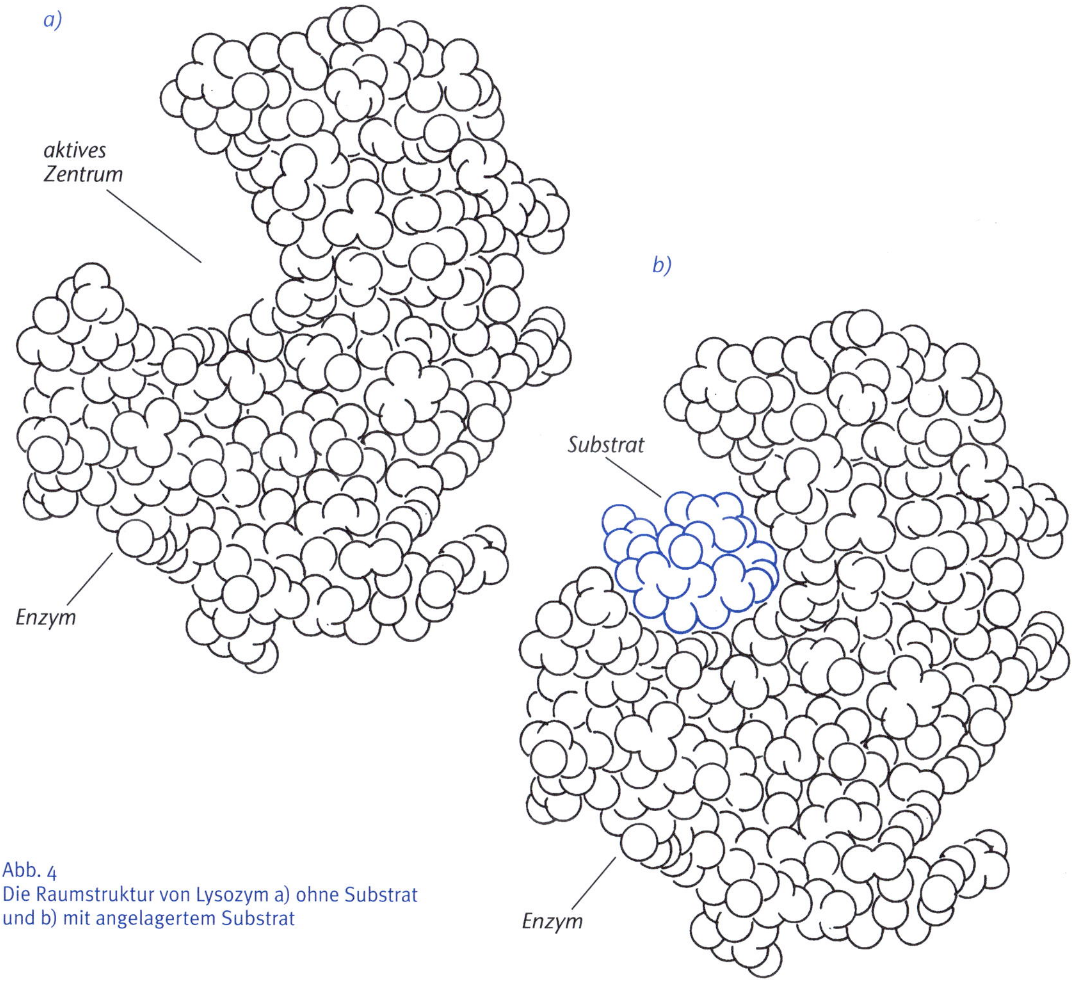

Abb. 4
Die Raumstruktur von Lysozym a) ohne Substrat und b) mit angelagertem Substrat

Alle enzymatisch katalysierten Reaktionen laufen nach einem einheitlichen Grundschema ab. Wir wollen die **einzelnen Phasen** dieses Ablaufs an einer stark vereinfachten Darstellung erläutern *(vgl. Abb. 5)*:

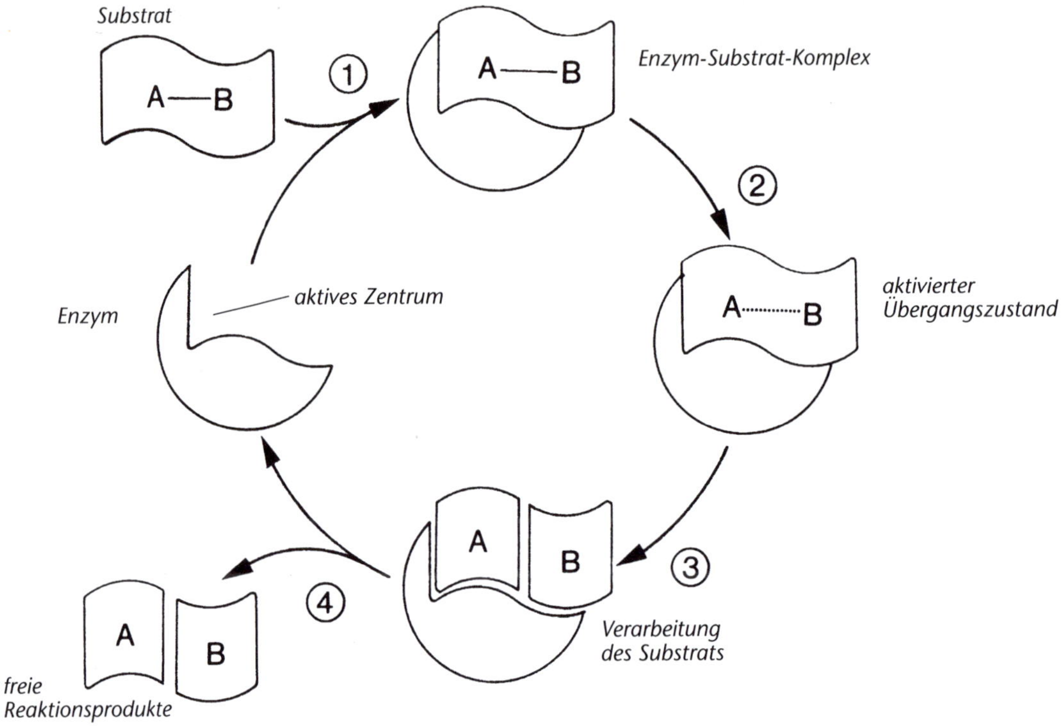

Abb. 5
Phasen einer enzymatisch katalysierten Reaktion; Erläuterungen im Text

① Zunächst muss sich das Substrat (die Substanz, die reagieren soll) an das aktive Zentrum des Enzymmoleküls anlagern, sodass ein Enzym-Substrat-Komplex entsteht.

② Von diesem Augenblick an befindet sich das Substrat in einem Zustand, der seiner größten naturgesetzlich überhaupt möglichen Reaktionsbereitschaft entspricht: dem aktivierten Übergangszustand.

③ Schon Bruchteile von hunderttausendstel Sekunden später hat die chemische Reaktion stattgefunden. Dabei hat sich das Substratmolekül so verändert, dass es nicht mehr ins aktive Zentrum des Enzymmoleküls passt.

④ Es löst sich demzufolge ab. Das Enzymmolekül indes ist völlig unverändert und steht deshalb sofort wieder für die nächste Reaktion zur Verfügung.

Auf diese Weise kann ein einziges Enzymmolekül pro Minute zwischen tausend und mehreren Millionen Substratmoleküle umsetzen.

2.2 Die Spezifität der Enzyme

Wir haben schon erläutert, dass **Substrat und Enzym** zueinander passen müssen wie **Schlüssel und Schloss**, damit eine Reaktion stattfinden kann. Daraus folgt notwendigerweise, dass ein bestimmtes Enzym nur an einem ganz bestimmten Substrat eine Reaktion zu katalysieren vermag.

So kann das Enzym, das **Maltose** in zwei Moleküle Glukose zerlegt, nur diese Reaktion katalysieren, keine andere. Das aktive Zentrum ist so gestaltet, dass nur das Substrat – in diesem Fall Maltose – hineinpasst und chemisch verändert werden kann.

Wie Abbildung 6 deutlich macht, geht diese Spezifität für ein bestimmtes Substrat so weit, dass in unserem Beispiel selbst die ähnlich gebaute Cellobiose nicht zerlegt wird. Der geringfügige Unterschied in der Anordnung der Glukosemoleküle verhindert die Anlagerung an das aktive Zentrum.

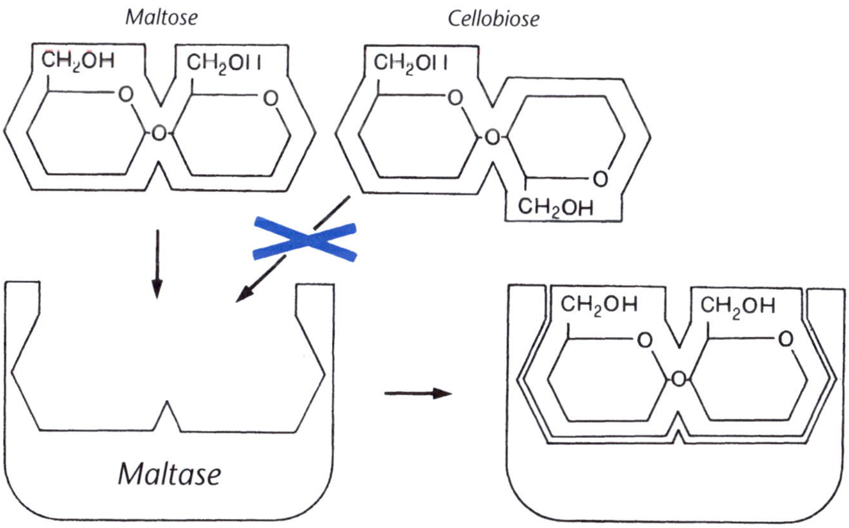

Abb. 6
Schematische Darstellung der Substratspezifität von Enzymen am Beispiel Maltase

> **!** Enzyme arbeiten substratspezifisch.

Die Spezifität geht aber noch weiter. Von den verschiedenen **möglichen Reaktionen**, in die eine Substanz verwickelt werden kann, katalysiert ein Enzym an seinem Substrat immer nur **eine ganz bestimmte**.

Wir wollen zur Veranschaulichung dieses Sachverhalts zwei **Beispiele** aus dem **anaeroben Glukoseabbau** heranziehen, die in einem späteren Kapitel noch ausführlicher erläutert werden *(vgl. Kap. A.5)*.

Mikroorganismen verwerten die **Brenztraubensäure**, die beim Glukoseabbau entsteht, recht unterschiedlich. In **Hefezellen** wird sie zuerst zu Acetaldehyd decarboxyliert (d.h. CO_2 wird abgespalten) und anschließend zu Alkohol (genauer: Ethanol) reduziert*. **Milchsäurebakterien** dagegen reduzieren die Brenztraubensäure unmittelbar, d.h., sie lagern zwei Wasserstoffatome an. Dabei entsteht Milchsäure.

An ein und demselben Substrat werden also zwei völlig unterschiedliche Reaktionen katalysiert.

Dies ist nur möglich, weil auch zwei völlig **verschiedene Enzyme** vorhanden sind. Die CO_2-Abtrennung in den Hefezellen wird von einem Enzym A katalysiert, während die Wasserstoffanlagerung in den Milchsäurebakterien durch ein Enzym B in Gang kommt. Beide Enzyme bevorzugen zwar das gleiche Substrat, entfalten aber eine höchst unterschiedliche Wirkung *(vgl. Abb. 7)*:

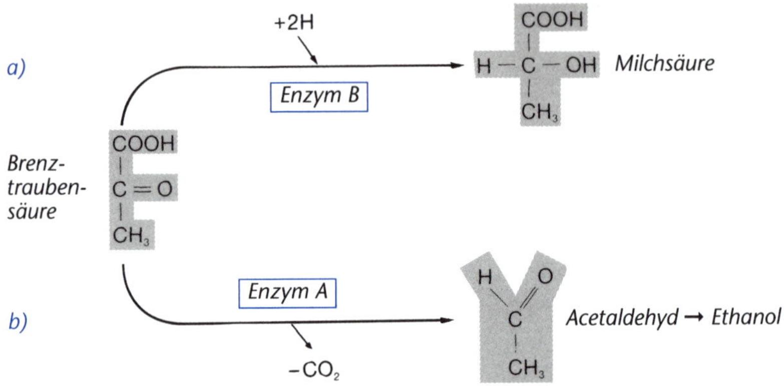

Abb. 7
Schematische Darstellung der Wirkungsspezifität von Enzymen am Beispiel der Vergärung von Brenztraubensäure
a) zu Milchsäure und
b) zu Ethanol

Enzyme arbeiten wirkungsspezifisch.

Die Substratspezifität eines Enzyms resultiert aus der **räumlichen Struktur**, die Wirkungsspezifität resultiert aus der **chemischen Zusammensetzung** des aktiven Zentrums.

Sie sind bei jeder Enzymsorte anders, abhängig von der Aminosäuresequenz des Moleküls. Letztlich entscheidet also die bloße **Reihenfolge der Aminosäuren** darüber, **an welchem Substrat** ein Enzym **welche chemische Veränderung** bewirkt.

In letzter Konsequenz bedeutet dieser Zusammenhang, dass in einem Enzymmolekül die Information darüber, an welcher Stelle und in welcher Weise es in den Stoffwechsel einer Zelle eingreift, in Form seiner Aminosäuresequenz gespeichert ist.

Die Spezifität der Enzyme drückt sich auch in ihrer **Namensgebung** aus.

Die meisten Enzyme werden nach den **Substraten** benannt, deren Umsetzung sie katalysieren. Dazu wird den Substratnamen die Endung **-ase** angehängt. So heißt beispielsweise das Maltose spaltende Enzym Maltase.

Auf diese Weise erscheint aber nur das Substrat im Namen. Bei vielen Enzymen wird auch die **Art der chemischen Reaktion** benannt. So entzieht die **Alkoholdehydrogenase**, wie der Name sagt, dem Stoff, der Getränken eine berauschende Wirkung verleiht, nämlich dem Ethanol, Wasserstoffatome und verwandelt ihn in Acetaldehyd.

2.3 Die Abhängigkeit der Enzymaktivität von verschiedenen Faktoren

Die Aktivität eines Enzyms zeigt sich in der Stoffmenge, die von ihm in einer bestimmten Zeit umgesetzt wird. Der Stoffumsatz pro Zeit ist als Reaktionsgeschwindigkeit definiert; sie ist ein geeignetes Maß für die Enzymaktivität.

Bei einer bestimmten Enzymkonzentration hängt die Reaktionsgeschwindigkeit von verschiedenen Faktoren ab. Die wichtigsten – Temperatur, Mineralstoffe und Spurenelemente, pH-Wert, Substratkonzentration, Hemmstoffe sowie Koenzyme – wollen wir im Folgenden näher erläutern.

Aufgabe

A01 In den beiden folgenden Abbildungen sind die spezifischen Eigenschaften der Wirkungsweise von Enzymen dargestellt.
Begründen Sie, um welche Eigenschaft es sich jeweils handelt.

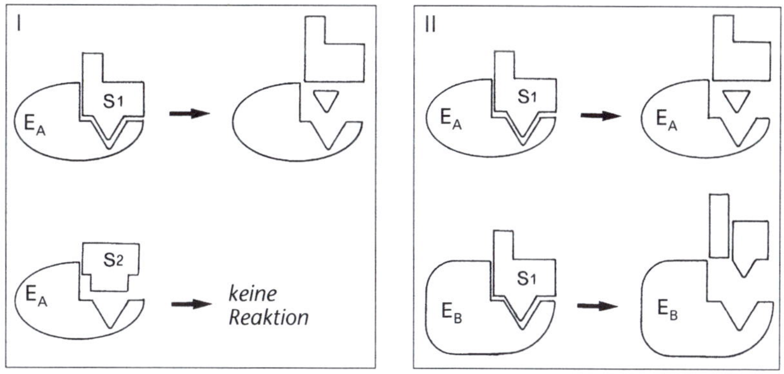

Abb. 8
Schematische Darstellung der spezifischen Eigenschaften der Wirkungsweise von Enzymen; (S1 = Substrat 1, S2 = Substrat 2; E_A = Enzym A, E_B = Enzym B)

2.3.1 *Abhängigkeit von der Temperatur*

Wir haben schon erwähnt, dass chemische Reaktionen durch Temperaturerhöhung beschleunigt werden. Diese **Reaktions-Geschwindigkeits-Temperatur-Regel** gilt auch für enzymatisch katalysierte Reaktionen, allerdings nur begrenzt.

In welcher Weise enzymatisch katalysierte Reaktionen von der Temperatur beeinflusst werden, ist in Abbildung 9 dargestellt.

① Mit steigender Temperatur erhöht sich die Reaktionsgeschwindigkeit, weil durch die Beschleunigung der Moleküle die Trefferwahrscheinlichkeit erhöht wird und deshalb mehr Enzym-Substrat-Komplexe pro Zeit gebildet werden (RGT-Regel).

② Ab einer bestimmten Temperatur lässt die katalytische Wirksamkeit des Enzyms allerdings erheblich nach, weil es durch die Hitze **denaturiert*** wird, d.h., seine Raumstruktur wird zerstört – es gerinnt (Enzyme sind Proteine!).

③ Aus der Überlagerung dieser beiden Effekte ergibt sich ein **Temperaturoptimum**, das für die Enzyme jedes Organismus bei einem charakteristischen Wert liegt (z.B. für unseren Organismus bei 37°C).

Bei den warmblütigen Organismen liegt das **Temperaturoptimum** ihrer Enzyme meist im Bereich der **Körpertemperatur**. Es gibt allerdings auch Bakterienarten, die sogenannten Archaebakterien, die in heißen Schwefelquellen leben. Sie wachsen sogar noch bei 90° C. Wie ihre Enzyme bei diesen hohen Temperaturen funktionsfähig bleiben, ist noch unbekannt.

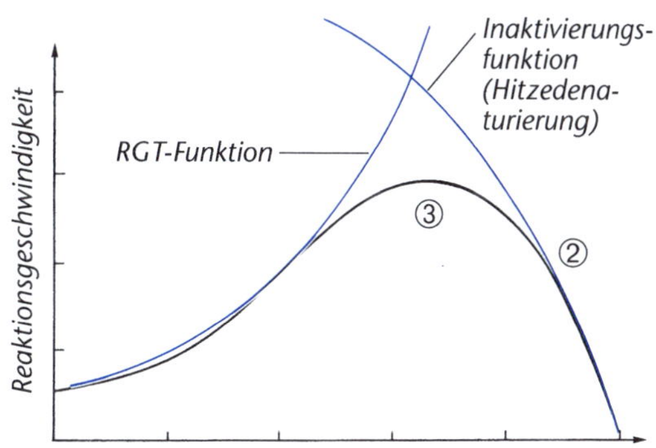

Abb. 9
Temperaturabhängigkeit der Enzymaktivität, dargestellt als Resultierende aus zwei gegenläufigen Funktionen

Aufgabe

A02 Warum sind Lebensmittel im Kühlschrank länger haltbar?

2.3.2 Abhängigkeit vom pH-Wert

Enzymatische Reaktionen laufen wie alle zellulären Stoffwechselprozesse in wässriger Umgebung ab. Die dort vorhandene **Konzentration an Wasserstoffionen** – in der Chemie durch den **pH-Wert** gekennzeichnet – hat maßgeblichen Einfluss auf die Enzymaktivität.

Dass Enzyme empfindlich auf die Wasserstoffionen-Konzentration reagieren, liegt ebenso wie ihre Temperaturabhängigkeit an ihren Proteineigenschaften. Einige Aminosäuren in der Kette besitzen sauer bzw. basisch wirkende Reste (Seitenketten), die auf den pH-Wert der umgebenden Flüssigkeit reagieren. Da die Ionenbindungen zwischen den sauren und basischen Aminosäuren zur Ausbildung der spezifischen **Raumstruktur** des Enzymmoleküls beitragen, wird eine Änderung des pH-Wertes auch eine Veränderung dieser Raumstruktur mit sich bringen *(vgl. mentor Abiturhilfe Zellbiologie)*.

Der Einfluss des pH-Wertes auf die Enzymaktivität lässt sich im Experiment untersuchen. Eine solche Messreihe für ein wichtiges Eiweiß abbauendes Enzym aus unserem Verdauungssystem, das **Trypsin**, ist in der folgenden Tabelle aufgeführt. Die Tabelle gibt nur die relative Enzymaktivität an:

Tabelle 1
Abhängigkeit der relativen Enzymaktivität von Trypsin vom pH-Wert des Versuchsansatzes

pH-Wert	4,2	4,8	5,9	7,1	7,3	8,0	8,6	9,3	10,6
% Aktivität	2	10	32	79	82	99	97	79	15

Aufgabe

A03 Übertragen Sie die Werte der Tabelle in das Koordinatensystem und verbinden Sie die Messpunkte zu einer Kurve.

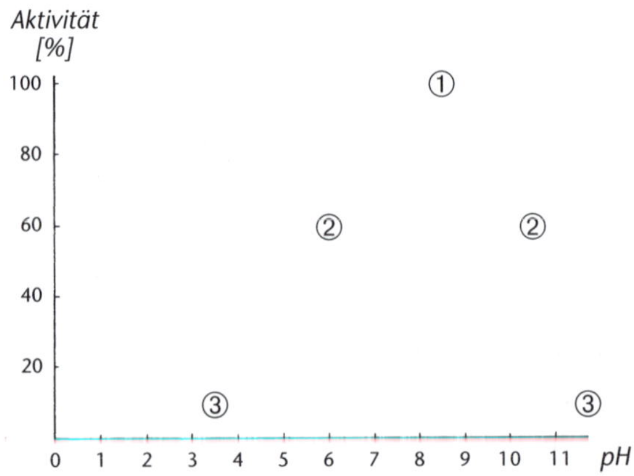

Wenn die Aufgabe richtig gelöst wurde, müsste jetzt eine **Optimumskurve** zu sehen sein. An ihr lassen sich drei Sachverhalte ablesen:

① Nur bei einem ganz bestimmten pH-Wert, also einer ganz bestimmten Wasserstoffionen-Konzentration, passt das aktive Zentrum optimal zu seinem Substrat. Bei diesem Wert hat das Enzym sein **pH-Optimum**. Wert für Trypsin: 8,2.

② Sowohl höhere als auch geringere Konzentrationen der Wasserstoffionen verschlechtern die Anlagerung des Substrats, weil sich die Raumstruktur des Enzyms und damit des aktiven Zentrums verändert; die Reaktionsgeschwindigkeit lässt nach.

③ Extreme pH-Werte verändern die Raumstruktur irreversibel – die Enzymmoleküle gerinnen (Proteine denaturieren).

Die meisten Enzyme in unserem Organismus arbeiten optimal bei einem pH-Wert von 7.

Aufgabe

A04 Bei der Verdauung wird im Magen hochprozentige Salzsäure (pH 1–2) freigesetzt, die vor allem Bakterien in der Nahrung abtöten soll.

a) Worauf beruht die Bakterien tötende Wirkung?

b) Welche besondere Eigenschaft muss das Verdauungsenzym Pepsin besitzen, das im Magen aktiv ist?

2.3.3 Abhängigkeit von Mineralstoffen und Spurenelementen

Viele enzymatisch katalysierte Reaktionen laufen nur optimal ab, wenn bestimmte chemische Elemente als **anorganische Ionen** in der richtigen Konzentration vorhanden sind. Diese Ionen können in zwei Gruppen unterteilt werden: in die **Mineralstoffe**, die in größeren Mengen gebraucht werden, und in die **Spurenelemente**, von denen eben nur „Spuren“ (geringste Mengen) nötig sind.

Von den Mineralstoffen ist an erster Stelle **Magnesium** zu nennen. Es liegt als Mg^{2+}-Ion vor. Aufgrund seiner Neigung, Komplexe mit Polyphosphaten zu bilden, wirkt es als Enzymaktivator vor allem **bei ATP-abhängigen Reaktionen** *(zu ATP vgl. Kap. A.2.3.6)*. Abbildung 10 zeigt die Abhängigkeit der Enzymaktivität des Enzyms ATPase von der Mg^{2+}-Konzentration.

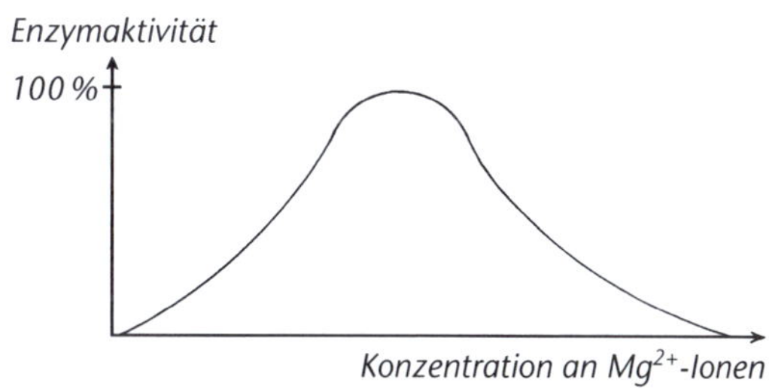

Abb. 10
Abhängigkeit der Enzymaktivität von der Ionenkonzentration

Wiederum zeigt sich, dass Enzyme nur bei einer ganz bestimmten Konzentration der Stoffe, die ihre Aktivität beeinflussen, optimal arbeiten (**Optimumskurve**). Sowohl zu hohe als auch zu geringe Konzentrationen vermindern die Enzymaktivität. Der Tagesbedarf eines Erwachsenen beträgt 200–300 mg Magnesium.

Ein weiterer wichtiger Mineralstoff ist **Calcium**. Es ist im menschlichen Körper zu 99% in den Knochen deponiert. Biologische Wirkungen entfaltet nur das Ca^{2+}-Ion, das vor allem in den Zellen extrem niedrig konzentriert ist. Strömt Calcium durch die Zellmembran ein, werden in den Zellen Enzyme aktiviert. Der Tagesbedarf eines Erwachsenen beträgt 500–800 mg Calcium.

Die **Spurenelemente** beeinflussen in noch geringeren Konzentrationen die Aktivität verschiedener Enzyme. Drei Wirkungsmechanismen sind vorstellbar:

- Einige Spurenelemente besitzen selbst die Eigenschaft, chemische Reaktionen zu katalysieren. Die Enzyme bewirken nur, dass dieser Effekt verstärkt wird.
- Ein Spurenelement kann entweder mit dem Substrat oder mit dem aktiven Zentrum des Enzyms oder mit dem Koenzym *(vgl. Kap. A.2.3.6)* einen Komplex bilden, der die katalytische Wirkung steigert.
- Spurenelemente fungieren als Elektronen-Carrier*, z.B. als Bestandteil der Zytochrom-Oxydase in der Atmungskette *(vgl. Kap. A.3.4.2)*.

Spurenelemente mit solchen biologischen Wirkungen sind neben Kupfer und Eisen noch Mangan, Zink, Molybdän, Selen, Vanadium und Nickel.

2.3.4 Abhängigkeit von der Substratkonzentration

Untersucht man im Experiment die Geschwindigkeit, mit der ein Enzym sein Substrat umsetzt, und ändert dabei die Substratkonzentration, so ergibt sich unter der Voraussetzung, dass eine ausreichende Enzymkonzentration vorliegt, die folgende Sättigungskurve:

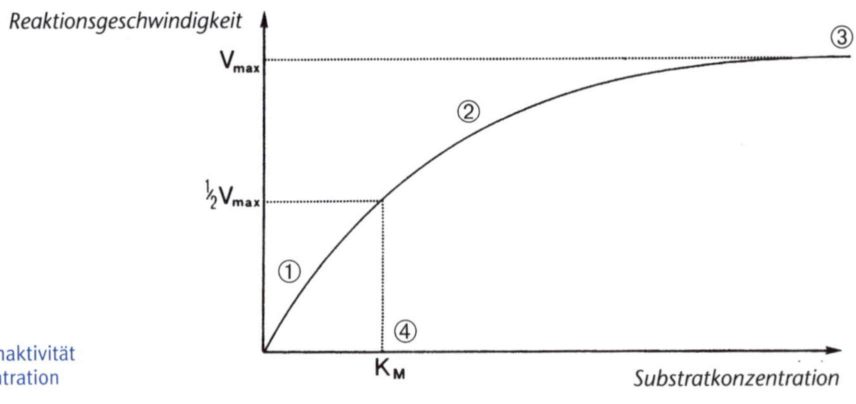

Abb. 11
Abhängigkeit der Enzymaktivität von der Substratkonzentration

Wie lässt sich der Verlauf der Kurve interpretieren?

① Zunächst steigt die Reaktionsgeschwindigkeit beträchtlich an, weil mit der Konzentrationszunahme des Substrates die Trefferwahrscheinlichkeit größer wird und immer mehr Enzym-Substrat-Komplexe gebildet werden.

② Bei höheren Substratkonzentrationen tritt allerdings eine **Sättigung** ein, weil die Zahl der freien Enzymmoleküle abgenommen, dagegen die Zahl der besetzten Enzymmoleküle zugenommen hat.

③ Ab einer bestimmten Substratkonzentration sind alle Enzymmoleküle mit Substratmolekülen besetzt. Eine Steigerung der Reaktionsgeschwindigkeit durch noch mehr Substratmoleküle ist nicht mehr möglich.

Aus dem für jedes Enzym spezifischen Kurvenverlauf kann man die **Affinität*** (das ist eine Art Vorliebe) jedes Enzyms zu seinem Substrat erschließen.

Ein Enzym, das bei einer vergleichsweise geringen Substratmenge bereits voll ausgelastet ist und mit Maximalgeschwindigkeit arbeitet, besitzt eine größere Affinität zu seinem Substrat als ein Enzym, das dafür eine höhere Substratkonzentration benötigt.

Das geeignete **Maß** für die Affinität und damit für die Leistungsfähigkeit eines bestimmten Enzyms wäre demnach diejenige Substratkonzentration, bei der die maximale Reaktionsgeschwindigkeit erreicht wird.

Da die Kurve in diesem Bereich sehr flach verläuft ③, lässt sich die Substratkonzentration für die maximale Reaktionsgeschwindigkeit praktisch nicht bestimmen.

Deshalb wird zur Charakterisierung der Leistungsfähigkeit eines Enzyms diejenige Substratkonzentration angegeben, bei der die katalysierte Reaktion mit **halbmaximaler Geschwindigkeit** abläuft ④. Dieser Wert ist für jedes Enzym spezifisch und wird als **MICHAELIS-Konstante** (**K_M**) bezeichnet.

Aufgabe

A05 Glukose kann in unserem Organismus entweder in Form von Glykogen gespeichert oder zur Energiegewinnung abgebaut werden. Die Speicherung erfolgt aber nur, wenn Glukose im Überschuss vorhanden ist.

Speicherung ←(Enzym A)— Glukose —(Enzym B)→ Abbau

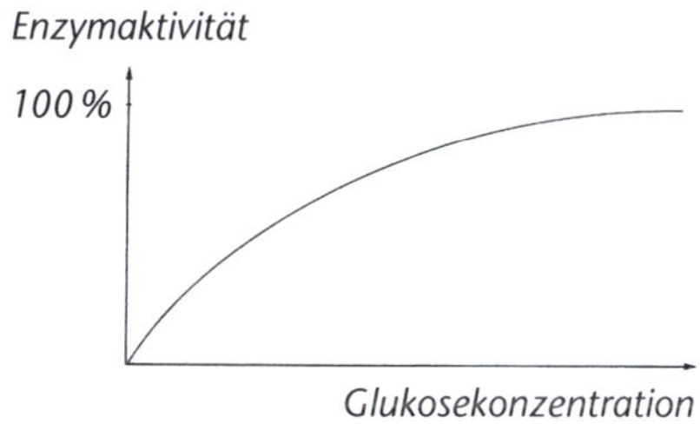

Die Abbildung zeigt die Abhängigkeit der Enzymaktivität von der Glukose-Konzentration für Enzym A.

a) Durch welche Eigenschaft muss sich Enzym B von Enzym A unterscheiden?

b) Wie muss die Kurve für Enzym B aussehen?

2.3.5 Abhängigkeit von Hemmstoffen

Kompetitive Hemmung

Bakterielle Infektionen können sehr unangenehm sein. Wenn unser Immunsystem nicht so recht mit ihnen fertig wird, verschreibt der Arzt in der Regel Medikamente wie: Antibiotika oder Sulfonamide. Diese Substanzen hemmen das Wachstum der Bakterien – wie, wird im Folgenden an einem Beispiel erläutert:

Bakterien benötigen für ihr Wachstum Folsäure. Das ist ein kompliziert gebautes Molekül. Einer seiner Bausteine ist die Para-Aminobenzoesäure (PABS). Wenn Bakterien Folsäure herstellen, bauen sie PABS mit noch anderen Substanzen in einer enzymatisch katalysierten Reaktion zusammen.

Sulfonamide besitzen nun eine der PABS sehr ähnliche Struktur. Sie können sich daher an das aktive Zentrum des Enzyms anlagern, das die Folsäure-Herstellung katalysiert. Wegen seiner Wirkungsspezifität kann das Enzym die ähnlich gebaute Substanz aber nicht zur Reaktion bringen. Dadurch wird das aktive Zentrum für das eigentliche Substrat **blockiert** *(Abb. 12 b)*.

Die Hemmung der Enzymwirkung wird also hervorgerufen, weil das Hemmstoffmolekül mit dem Substratmolekül um die Bindungsstelle am aktiven Zentrum konkurriert. Ein solcher Wirkungsmechanismus wird als **kompetitive* Hemmung** bezeichnet.

Sie ist abhängig von der Konzentration der konkurrierenden Substanzen und beeinflusst den Anteil der Enzymmoleküle, die noch Substratmoleküle umsetzen können. Viele Medikamente, aber auch Giftstoffe wirken, indem sie Enzyme kompetitiv hemmen.

Allosterische Hemmung

Im Gegensatz dazu bedienen sich die **Zellen** eines völlig anderen Wirkungsmechanismus, um über die Enzymaktivität ihre Stoffwechselrate zu kontrollieren. Die Hemmstoffe, die hier wirksam werden, haben keinerlei Ähnlichkeit mit den Substraten. Im Gegenteil: Substrat und Hemmstoff können gleichzeitig von demselben Enzymmolekül gebunden werden.

Daraus folgt notwendigerweise, dass ihre Bindungsstellen am Enzym nicht identisch sein können. Diese Hemmstoffe wirken **allosterisch***, indem sie sich an einer **anderen** Stelle an das Enzymmolekül anlagern und dadurch dessen **Raumstruktur beeinflussen**. Damit ändert sich auch die Gestalt des aktiven Zentrums: Das Substrat passt nicht mehr so gut hinein *(Abb. 12 c)*. Die Bildung der Enzym-Substrat-Komplexe nimmt mehr Zeit in Anspruch, die Reaktionsgeschwindigkeit fällt.

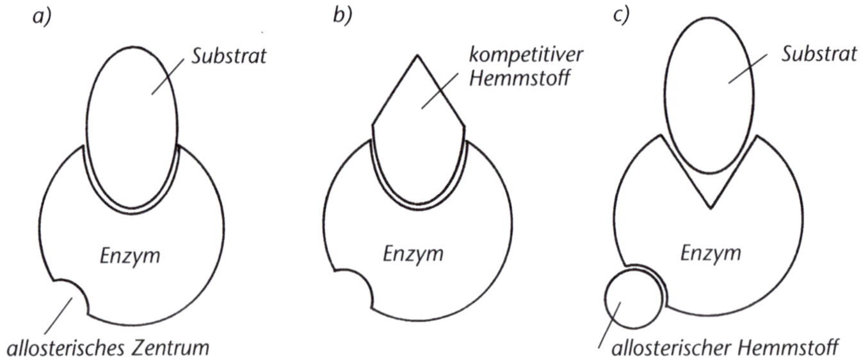

Abb. 12
Unterschied zwischen kompetitiver und allosterischer Hemmung

Solche regulierbaren Enzyme sind in der Regel aus mehreren Polypeptidketten zusammengesetzt. Außer dem aktiven Zentrum für das Substrat besitzen sie mindestens ein weiteres Zentrum an einer anderen Stelle: ein **allosterisches Zentrum**.

Dieses allosterische Zentrum ist genauso konstruiert wie ein aktives Zentrum: Eine bestimmte Aminosäure-Zusammensetzung sorgt für eine **spezifische Gestalt**, zu der nach dem Schlüssel-Schloss-Prinzip nur eine bestimmte Substanz passt.

Wie die Zellen über diesen Hemm-Mechanismus ihre Stoffwechselraten kontrollieren, lässt sich am Glukoseabbau sehr schön veranschaulichen. Da jedoch für das Verständnis dieses Zusammenhangs eine Reihe von grundlegenden Informationen vorausgesetzt werden, die in den folgenden Kapiteln behandelt werden, wollen wir die Stoffwechselregulation über allosterische Hemmung erst ganz am Ende von Teil A wieder aufgreifen *(vgl. Kapitel A.9)*.

Die allosterische Hemmung funktioniert nur, wenn sie **reversibel** ist, also wieder rückgängig gemacht werden kann. Dies setzt voraus, dass der Hemmstoff nur ganz locker an das Enzymmolekül gebunden wird.

Unter den kompetitiv wirkenden Hemmstoffen gibt es dagegen einige, die ein Enzym irreversibel blockieren, indem sie sich sehr fest an das aktive Zentrum binden. Solche Stoffe können tödlich sein.

2.3.6 Abhängigkeit von Koenzymen

Ein beträchtlicher Teil enzymatisch katalysierter Reaktionen kann nur ablaufen, wenn außer dem Enzym und einer entsprechenden Substratmenge noch ein weiterer Reaktionspartner vorhanden ist: ein Koenzym.
Koenzyme sind viel kleiner als Enzymmoleküle und gehören auch stofflich nicht zu den Proteinen.

NAD

Als erstes Beispiel wollen wir ein Koenzym betrachten, das beim Glukoseabbau eine ganz entscheidende Rolle spielt: das **NAD**.
NAD ist die Abkürzung für **N**icotinamid-**A**denin-**D**inukleotid. Abbildung 13 zeigt die Struktur des NAD.

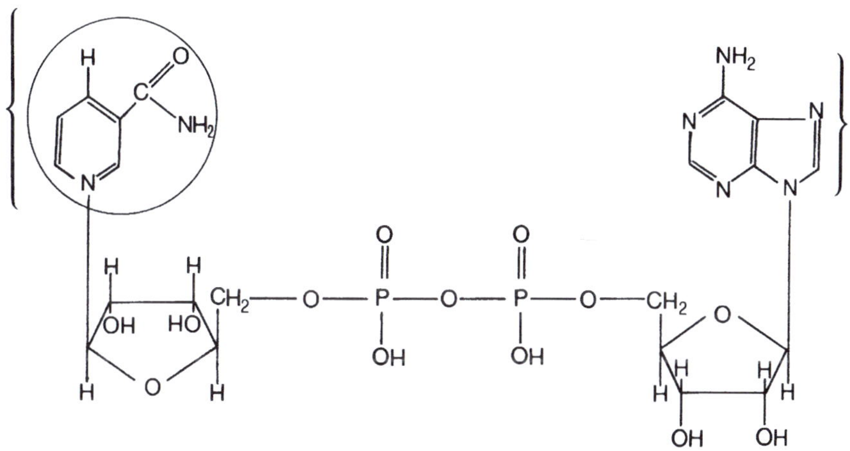

Abb. 13
Die Strukturformel von NAD

NAD ist das Koenzym aller **Dehydrogenasen**, also aller Enzyme, die ihren Substraten zwei Wasserstoffatome entreißen.
Der dem Substrat entzogene Wasserstoff wird auf den Reaktionspartner NAD übertragen. Das Substrat wird dabei **oxidiert***, das Koenzym zu $NADH_2$ **reduziert***.

$NADH_2$ kann nun den Wasserstoff in einer anderen enzymatisch katalysierten Reaktion an ein anderes Substrat abgeben, wobei es wieder zu NAD oxidiert und das neue Substrat reduziert wird. Abbildung 14 zeigt diesen Ablauf im Zusammenhang.

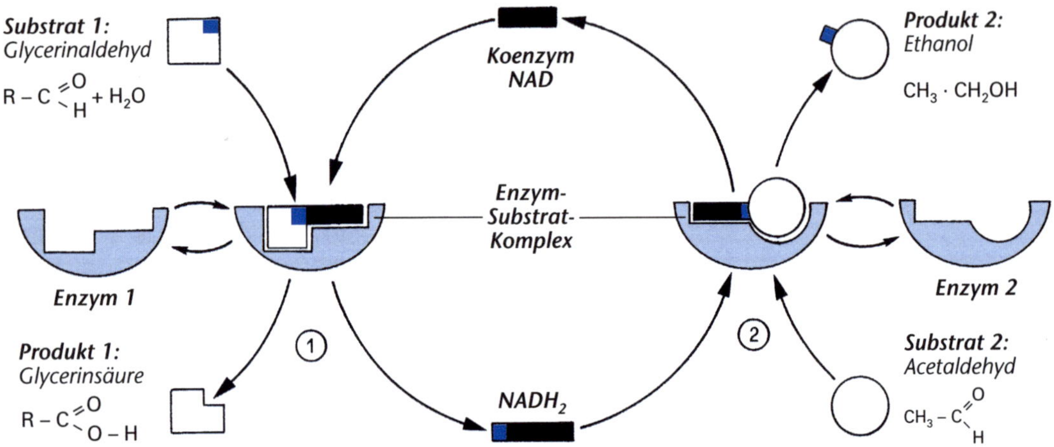

Abb. 14
Wasserstoffübertragung durch NAD

Das dargestellte Beispiel stammt aus dem Glukoseabbau, wie er bei Hefen vorkommt *(vgl. Kap. A.5.1)*.

① In der ersten Reaktion wird Glycerinaldehyd zu Glycerinsäure oxidiert, indem zwei Wasserstoffatome auf den Reaktionspartner NAD übertragen werden. NAD wird dadurch zu $NADH_2$ reduziert.

② In einer zweiten Reaktion werden die zwei Wasserstoffatome vom $NADH_2$ auf Acetaldehyd übertragen, der dadurch zu Ethanol reduziert wird. Dadurch liegt NAD jetzt wieder in der oxidierten Ausgangsform vor.

NAD ist also ein **Wasserstoff übertragendes Koenzym,** das mit mehreren verschiedenen Enzymen und Substraten in Reaktion treten kann. Das wird beim Glukoseabbau noch genauer erläutert.

Die **NAD-Konzentration** in einer Zelle ist **begrenzt.** Werden viele Substrate oxidiert, sinkt die NAD-Konzentration zugunsten der reduzierten Form $NADH_2$.

Dadurch vermindert sich die Geschwindigkeit der durch Dehydrogenasen katalysierten Reaktionen selbst bei hohem Substratangebot. Umgekehrt führt eine rasche Oxidation des $NADH_2$ zu einer Beschleunigung der Dehydrogenasen-Aktivität.

NAD ist auch ein gutes Beispiel für die enge Beziehung zwischen Koenzymen und **Vitaminen.**

Der für die Funktion von NAD entscheidende Baustein **Nicotinamid** *(vgl. Abb. 13, links oben)* ist ein **Vitamin** der B-Gruppe. Es wird in unserem Organismus (und auch bei Tieren) nicht hergestellt und muss über die Nahrung in ausreichender Menge zugeführt werden. Ein Mangel kann deshalb zu Stoffwechselstörungen führen.

Wegen der großen Zahl der Stoffwechselreaktionen, an denen NAD beteiligt ist, wirkt das klinische Bild eines **Nicotinamid-Mangels** wenig einheitlich. Betroffen sind in erster Linie Organe, deren Zellen auf einen kontinuierlich funktionierenden Energiestoffwechsel angewiesen sind. Daher treten die meisten Symptome im Zusammenhang mit dem Gehirn auf: Nervosität, Kopfschmerzen, Gedächtnisschwäche, depressive Verstimmungen usw.

Nicotinamid war das erste Vitamin, das als wichtiger Bestandteil eines Koenzyms identifiziert wurde. Heute wissen wir, dass die meisten Vitamine als Bestandteile anderer Koenzyme im Stoffwechsel der Zellen arbeiten. Einen Überblick gibt Tabelle 2.

Name	Chemische Bezeichnung	ist Bestandteil des Coenzyms	geförderte Reaktion
B_1	Thiamin	Thiamindiphosphat	Decarboxylierungs-Reaktionen
B_2	Riboflavin	FAD	Oxidations-Reduktions-Reaktionen
B_6	Pyridoxin	Pyridoxalphosphat	Übertragung von Aminogruppen
B_{12}	Cobalamin	Desoxiadenosyl-cobalamin	Wasserstoff-Verlagerungen
	Nicotinamid	NAD, NADP	Oxidations-Reduktions-Reaktionen
	Folsäure	Tetrahydrofolsäure	Übertragung von CH_3-Gruppen
	Biotin	Biotin	Übertragung von CO_2
	Panthotensäure	Coenzym A	Übertragung von Essigsäure
C	Ascorbinsäure	nicht bekannt	Coenzym bei Hydroxylierungs-Reaktionen

Tabelle 2
Vitamine und ihre Rolle als Koenzyme

Alle in Tabelle 2 aufgelisteten Vitamine sind wasserlöslich. Sie können deshalb im Körper nicht gespeichert werden und müssen daher regelmäßig über die Nahrung in ausreichender Menge zugeführt werden.

Die fettlöslichen Vitamine A, D, E und K kommen nicht als Bestandteile von Koenzymen vor. Sie sind an anderen wichtigen Vorgängen in unserem Körper beteiligt: am Sehvorgang, an der Regulation der Calciumkonzentration im Blut, am Schutz von Zellmembranen und an der Blutgerinnung.

ATP

Als zweites Beispiel wollen wir ein Koenzym vorstellen, das eine Schlüsselrolle bei allen biologischen Energieübertragungsvorgängen spielt: das **ATP**.

ATP ist die Abkürzung für **A**denosin**tri****p**hosphat, d.h., das Molekül besteht aus **Adenosin** (das ist eine Verbindung aus Adenin und Ribose) und drei hintereinander angeordneten **Phosphatgruppen** Ⓟ. Abbildung 15 zeigt die Struktur des Moleküls.

ATP gehört zu den Nukleotiden, aus denen die DNA, also die Erbsubstanz, aufgebaut wird *(vgl. mentor Abiturhilfe Genetik)*; das Molekül dient im Rahmen des Energiestoffwechsels der **Energiespeicherung**.

Die beiden Bindungen zwischen den drei Phosphatgruppen sind nämlich besonders **energiereich**. Das erkennt man daran, dass bei der Abspaltung dieser Phosphatgruppen wesentlich mehr Energie freigesetzt wird, als das bei der Lösung anderer Bindungen normalerweise der Fall ist. An sich ist an diesen **Phosphatgruppen-Bindungen** nichts Besonderes. Um zu verstehen, weshalb bei ihrer Abtrennung mehr Energie als üblich freigesetzt wird, müssen wir uns die beteiligten Substanzen etwas genauer ansehen.

Die Ausgangssubstanz ATP trägt bei neutralem pH-Wert (pH 7) an den Phosphatgruppen bis zu **vier negative Ladungen** *(Abb. 15)*. Diese negativen Ladungen stoßen sich gegenseitig stark ab, da sie sehr nahe beieinander liegen.

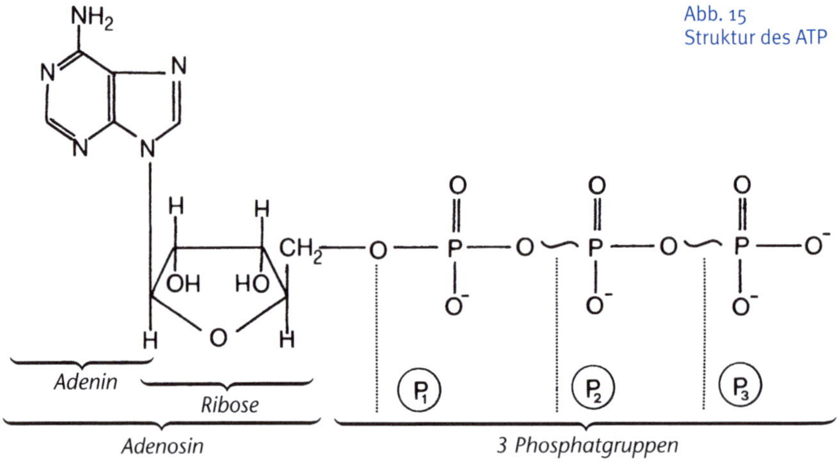

Abb. 15
Struktur des ATP

Wird nun die letzte Phosphatgruppe abgetrennt, entsteht **Adenosindiphosphat,** also Adenosin mit nur noch zwei Phosphatgruppen. Da mit der Abspaltung der dritten Phosphatgruppe gleich zwei negative Ladungen weggefallen sind, verringern sich die Abstoßungskräfte innerhalb des Moleküls ganz erheblich.
Deshalb ist der Energiegehalt von ATP gegenüber dem der Reaktionsprodukte ADP und Ⓟ zusammengenommen so viel größer. In diesem Sinne können die Phosphatgruppen-Bindungen als energiereich bezeichnet werden.

Aus all dem folgt, dass bei der Herstellung von ATP sehr viel Energie in diesem Molekül, genauer: in den Bindungen zwischen den Phosphatgruppen, gespeichert werden kann.
Allerdings wird ATP nur selten komplett neu hergestellt. Energiespeicherung und Energiefreisetzung erfolgen ausschließlich über die **Anbindung und Abspaltung der dritten Phosphatgruppe**.
Wird diese letzte Phosphatgruppe abgespalten, so kommt es zu einer stark **exergonischen*** Reaktion, d.h., ein Großteil der gespeicherten Energie wird freigesetzt.
Umgekehrt kann in einer **endergonischen*** Reaktion, bei der die entsprechende Energiemenge aufgenommen wird, aus ADP und Ⓟ wieder ATP aufgebaut werden.

Diese Reaktion kann allerdings nur ablaufen, wenn sie an Stoffwechselreaktionen gekoppelt wird, die genügend Energie freisetzen. Das werden wir beim Glukoseabbau noch genauer erläutern.
Auf der anderen Seite kann die bei der Spaltung von ATP freigesetzte Energie für Energie verbrauchende Stoffwechselprozesse herangezogen werden (z.B. für aktiven Transport; *vgl. mentor Abiturhilfe Zellbiologie*).

> Die besondere biologische Bedeutung des ATP resultiert aus seiner Fähigkeit, exergonische (Energie liefernde) und endergonische (Energie verbrauchende) Vorgänge miteinander zu koppeln – und das sogar über räumliche und zeitliche Distanzen.

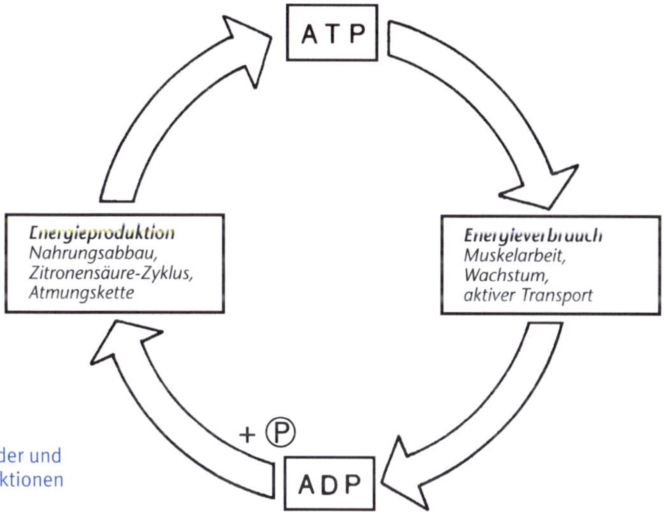

Abb. 16
Verknüpfung Energie liefernder und Energie verbrauchender Reaktionen und Prozesse durch ATP

2.4 Zusammenfassung

Fast alle biologisch bedeutsamen Moleküle sind reaktionsträge. Diese **Reaktionsträgheit** ist eine der fundamentalen Voraussetzungen des Lebens, weil sie den Organismen Stabilität verleiht.
Um einen Organismus hervorzubringen und ihn am Leben zu erhalten, müssen jedoch in jeder Zelle vielfältige chemische Reaktionen in Sekundenschnelle ablaufen.
In biologischen Systemen überwinden **Enzyme** die Reaktionsträgheit. Sie setzen den Aufwand an **Aktivierungsenergie** so weit herab, dass die Reaktionen bei Körpertemperatur ablaufen.
Enzyme wirken durch ihre bloße Anwesenheit und gehen unverändert aus der Reaktion hervor.
Enzyme sind **Proteine** einer ganz bestimmten Bauart, deren Aminosäurekette so zu einer charakteristischen **Raumstruktur** gefaltet ist, dass dabei eine **muldenartige Vertiefung** entsteht – das **aktive Zentrum** –, in die die Substanz, die reagieren soll – das **Substrat** –, hineinpasst wie ein **Schlüssel** in sein **Schloss**.
Nach der Reaktion ist das Substrat so verändert, dass es nicht mehr ins aktive Zentrum passt und sich von selbst ablöst.

Enzyme arbeiten **hoch spezifisch**:

- Die Gestalt des aktiven Zentrums bestimmt, welches Substrat sich anlagert: **Substratspezifität.**
- Die chemische Zusammensetzung des aktiven Zentrums entscheidet darüber, welche chemische Reaktion an diesem Substrat vollzogen wird: **Wirkungsspezifität.**

Die **Enzymaktivität** wird von verschiedenen **Faktoren** beeinflusst:

- **Temperatur**: Mit steigender Temperatur werden auch Enzyme aktiver (RGT-Regel), bis sie durch zu große Hitze inaktiviert werden: Sie gerinnen.

- **pH-Wert**: Wasserstoffionen beeinflussen die Bindungseigenschaften einiger Aminosäuren in der Proteinkette, sodass die Gestalt des aktiven Zentrums nur bei einem bestimmten pH-Wert optimal zum Substrat passt.
- **Mineralstoffe und Spurenelemente**: Enzyme arbeiten nur bei einer ganz bestimmten Konzentration an anorganischen Ionen, die ihre Aktivität beeinflussen, optimal.
- **Substrat-Konzentration**: Mit zunehmendem Substratangebot können vermehrt Enzym-Substrat-Komplexe gebildet werden, bis bei einer bestimmten Konzentration alle Enzyme mit Substrat gesättigt sind.

Enzyme können durch Substanzen **gehemmt** werden:
- Bei der **kompetitiven Hemmung** geschieht dies durch Substanzen, die dem Substrat ähnlich sind, die aber chemisch nicht verändert werden.
- Bei der **allosterischen Hemmung** besitzen die Hemmstoffe keine Ähnlichkeit mit dem Substrat, sondern wirken über ein zweites Bindungszentrum am Enzym.

Die Hemmwirkung ist in der Regel **reversibel**.

Koenzyme sind die wichtigsten Reaktionspartner der Enzyme. Sie tragen wesentlich zur Vernetzung der vielen chemischen Reaktionen bei, indem sie wichtige Stoffgruppen übertragen. Die beiden bedeutendsten Koenzyme sind **NAD**, das Wasserstoff überträgt, und **ATP**, das energiereich gebundene Phosphatgruppen überträgt.

3. Energieumwandlung in den Zellen

Wir wollen zunächst einen **Überblick über die abbauenden Stoffwechselwege** geben und dann die Einzelschritte ausführlich erläutern. Das Diagramm auf der nächsten Seite soll dabei die Orientierung erleichtern.

Stufe 1:
Unsere Nahrung besteht zum größten Teil aus langkettigen Kohlenhydraten, Proteinen und Lipiden, die viel zu groß sind, als dass unsere Zellen sie unmittelbar verwerten könnten. Sie müssen deshalb zunächst zu kleineren Molekülen abgebaut werden. Das erfolgt durch die **Verdauung**.

Stufe 2:
Die dabei entstehenden kleineren Moleküle wie Zucker, Aminosäuren, Glycerin und Fettsäuren gelangen ins Zellinnere und werden weiter abgebaut. Dabei entsteht im Wesentlichen **aktivierte Essigsäure**.

Stufe 3:
Die aktivierte Essigsäure wird vollständig zerlegt: in **Kohlenstoffdioxid**, das mit der Atemluft entweicht, und **Wasserstoff**, der zur weiteren Verwendung an das Koenzym NAD gebunden wird.

Stufe 4:
Der koenzymgebundene Wasserstoff reagiert mit dem eingeatmeten **Sauerstoff**. Die dabei frei werdende Energie wird zu einem großen Teil in Form von **ATP** gespeichert, der Rest als Wärmeenergie freigesetzt.

> ! Zellen gewinnen Energie, indem sie Nährstoffmoleküle enzymatisch abbauen und die dabei frei werdende Energie in Form von ATP speichern.

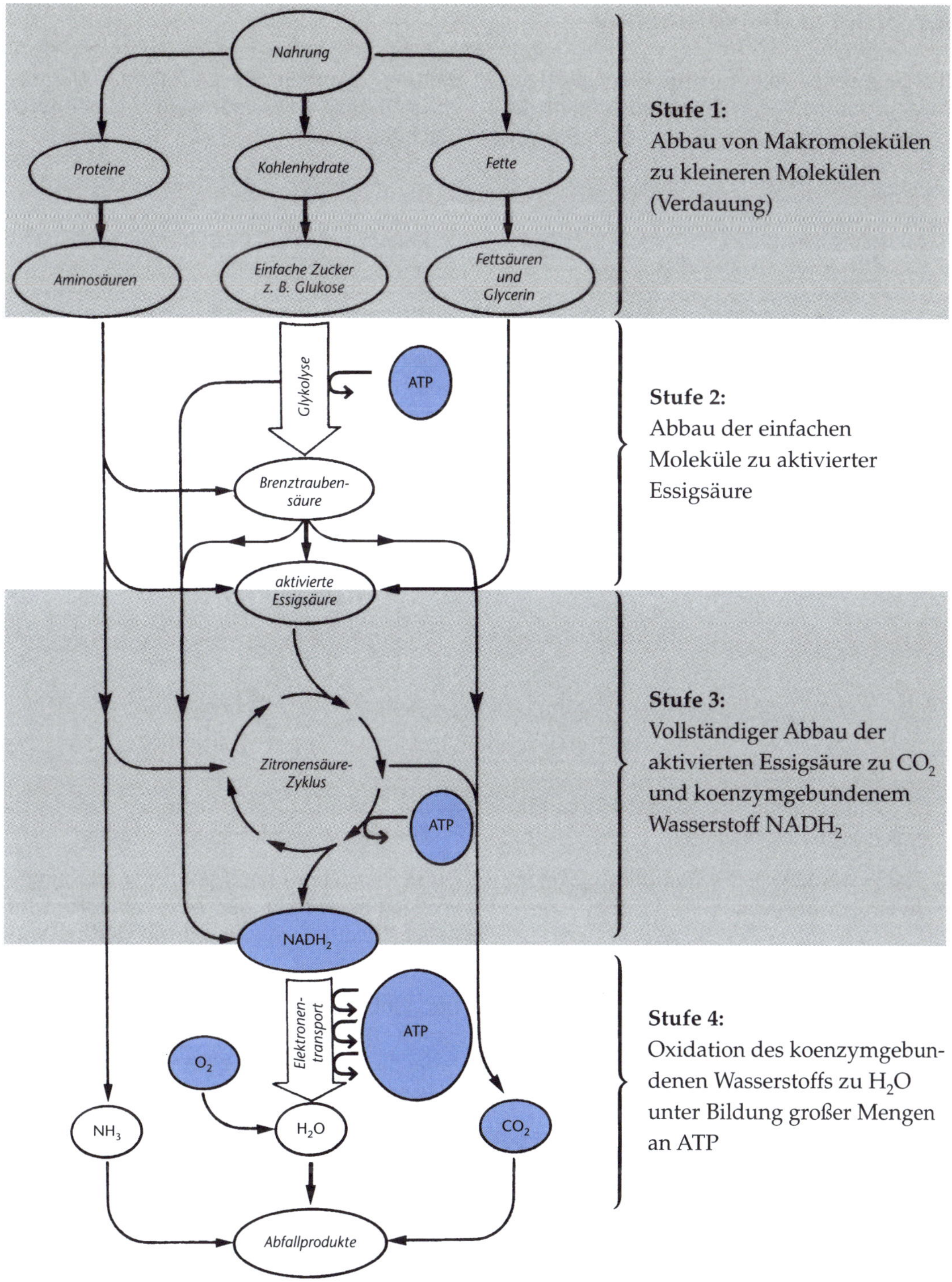

Abb. 17
Vereinfachtes Diagramm der vier Stufen des abbauenden Stoffwechsels

3.1 Stufe 1: Die Verdauung

Bei Lebewesen, die nur aus einer einzigen Zelle bestehen – den **Einzellern** – läuft der gesamte Nährstoffabbau, also auch die Verdauung, innerhalb dieser Zelle ab. Wie das vor sich geht, kann man sehr gut bei **Amöben** beobachten.

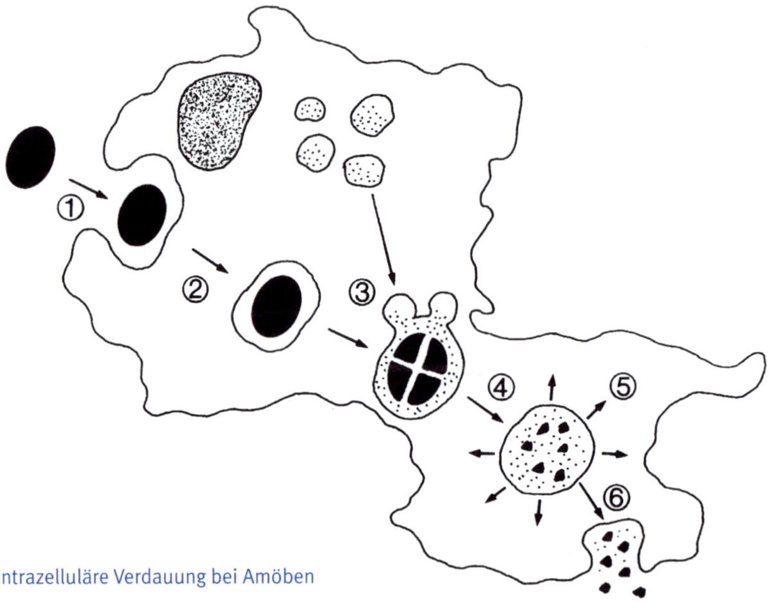

Abb. 18
Phagozytose und intrazelluläre Verdauung bei Amöben

① Die Nahrungspartikel werden durch **Phagozytose*** aufgenommen.

② Dabei werden sie in eine **Nahrungsvakuole** eingeschlossen.

③ **Lysosomen***, die die Verdauungsenzyme enthalten, fusionieren mit der Nahrungsvakuole und entleeren dabei ihren Inhalt.

④ Die **Verdauungsenzyme** können jetzt auf die Nahrungspartikel einwirken und sie zerlegen.

⑤ Die Verdauungsprodukte werden durch die Membran, die die Nahrungsvakuole umgibt, ins **Zytoplasma** transportiert.

⑥ Die unverdaulichen Reste werden durch **Exozytose*** wieder ausgeschieden.

Da bei Einzellern der gesamte Verdauungsvorgang **innerhalb** der Zelle abläuft, wird diese Art der Verdauung **intrazelluläre Verdauung** genannt.

Bei **Vielzellern**, die einen Darm besitzen, laufen die Verdauungsvorgänge im Hohlraum dieses Verdauungskanals ab. Die dazu notwendigen Enzyme werden von speziellen Drüsenzellen hergestellt und in den Verdauungskanal abgegeben.
Da sich die Verdauung in diesem Fall **außerhalb** der Zellen abspielt, wird sie **extrazelluläre Verdauung** genannt.

Hauptaufgabe der Verdauung ist es, die aufgenommene Nahrung in **resorbierbare**^ Bestandteile zu zerlegen.

Resorbierbar sind alle Substanzen, die durch entsprechende Transportmechanismen durch die Zellen der Dünndarmschleimhaut hindurch ins Blut oder die Lymphe aufgenommen werden können.

Einen Überblick über die **Verdauungsorgane** und ihre Aufgaben im menschlichen Organismus gibt Abbildung 19. Vereinfacht betrachtet gleicht unser Verdauungssystem einem durchlaufenden **Rohr** (bestehend aus Mundhöhle, Speiseröhre, Magen, Dünn- und Dickdarm) mit anhängenden **Drüsen** (Mundspeicheldrüsen, Bauchspeicheldrüse, Leber) *(vgl. dazu ausführlich Kap. C.5.1)*.
Wie Abbildung 19 deutlich macht, werden die Nährstoffe nicht alle auf einmal abgebaut, sondern zeitlich und räumlich gestaffelt in mehreren **Teilreaktionen**. Das hat zwei Vorteile:

- Der Körper wird nicht plötzlich mit Nährstoffen überschwemmt.
- Verschiedene Nährstoffe können nacheinander aus dem Darm in den Körper aufgenommen werden.

Bei den Verdauungsenzymen lassen sich drei Gruppen unterscheiden. Jede Gruppe ist für die enzymatische Spaltung einer der drei Nährstoffarten (Kohlenhydrate, Fette, Proteine) verantwortlich. Wir wollen deshalb die Verdauungsvorgänge für jede Gruppe gesondert erläutern.

3.1.1 Verdauung der Kohlenhydrate

Im Durchschnitt bestehen die täglich verzehrten Kohlenhydrate zu etwa 60% aus **pflanzlicher Stärke** und zu etwa 30% aus **Saccharose** (Rohrzucker).

Stärke spaltende Enzyme werden als **Amylasen** bezeichnet. Sie zerlegen die in der Stärke enthaltenen linearen und verzweigten Glukoseketten in verschieden lange Bruchstücke, überwiegend jedoch in Einheiten aus zwei Glukosemolekülen, die als **Maltose** bezeichnet werden *(Abb. 20)*.

Amylasen werden von den **Mundspeicheldrüsen** und von der **Bauchspeicheldrüse** gebildet. Ihr optimaler pH-Wert liegt bei 7.
Zu den langkettigen Kohlenhydraten pflanzlicher Herkunft gehört auch die **Zellulose**, die wir ebenfalls mit der Nahrung aufnehmen.
Wir Menschen können Zellulose nicht verdauen. Das hat zwei Gründe: Erstens kann unser Organismus keine Zellulose spaltenden Enzyme (Zellulasen) herstellen und zweitens können die Amylasen keine Zellulose abbauen.

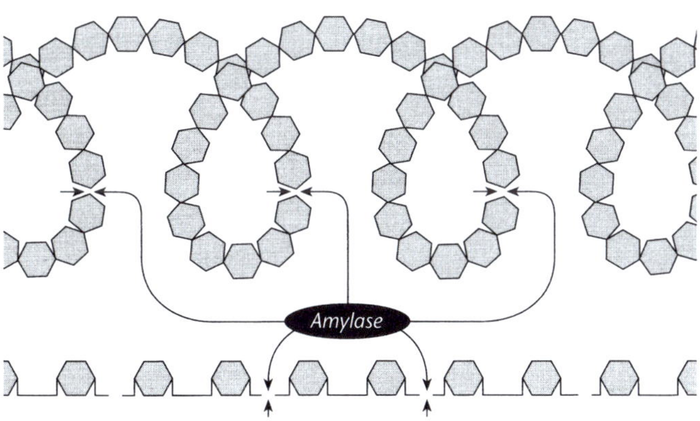

Abb. 20
Stark schematisierte Darstellung der Stärkespaltung durch Amylase

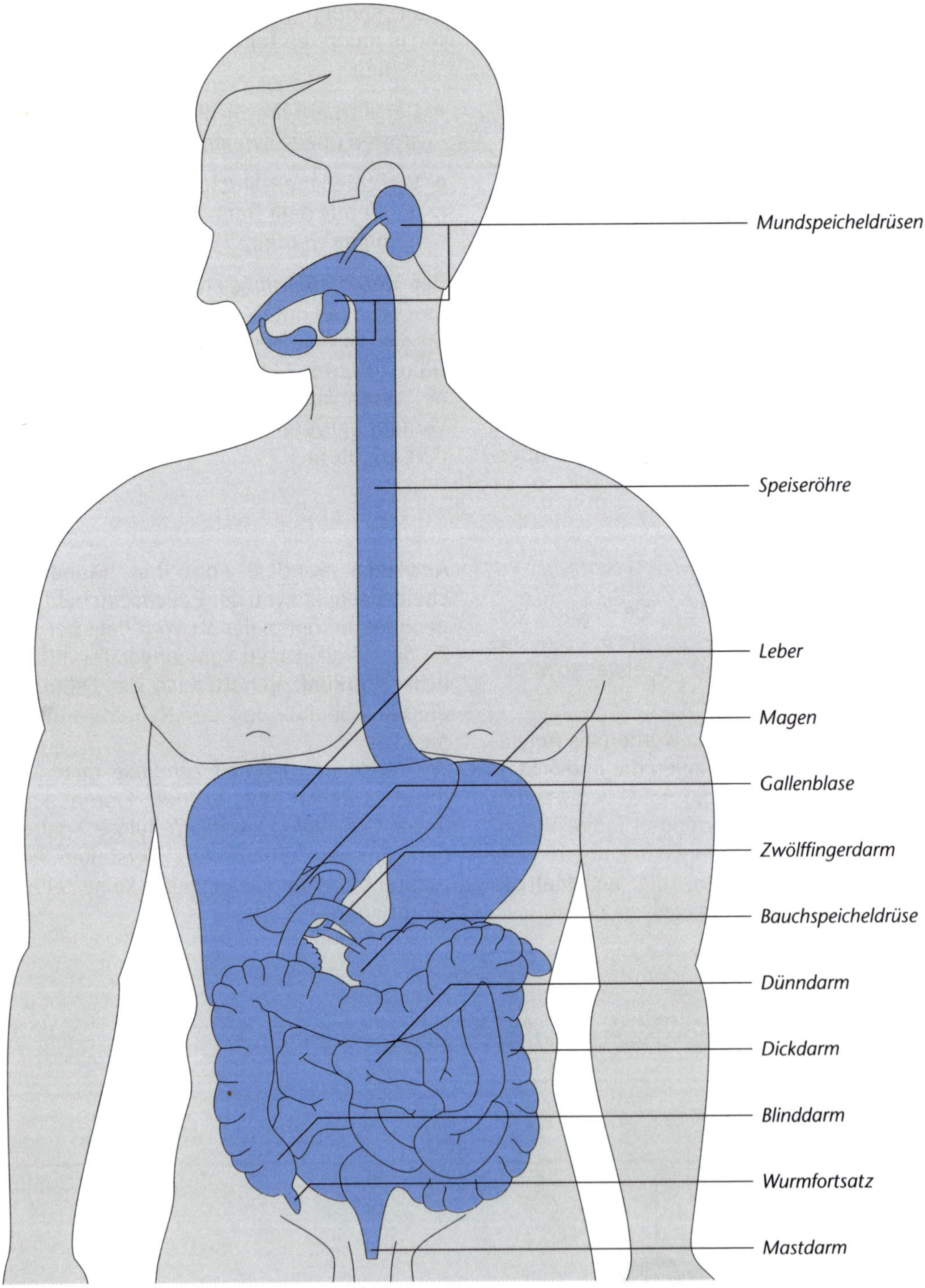

Abb. 19
Übersicht über das Verdauungssystem und vereinfachtes Schema der Verdauung

Verdauungsenzym	pH-Wert	Stärke	Eiweiß	Fett
Mundspeichel (ca. 1,5 l/Tag) enthält Amylase zur Spaltung von Stärke	6,8	Ein Teil der Stärke wird zu Malzzucker abgebaut		
Magensaft (ca. 2,5 l/Tag) enthält Pepsin zur Spaltung von Eiweiß (Proteine)	1,5–2,5		Proteine werden in Peptide zerlegt	
Gallensaft (ca. 0,5 l/Tag) enthält Stoffe zur Zerteilung (Emulgierung) von Fetten				Fettkugeln werden in Tröpfchen zerteilt
Bauchspeichel (ca. 0,7 l/Tag) enthält Enzyme zur Spaltung von Kohlenhydraten, Peptiden, Fetten; Amylase, Maltase, Trypsin, Lipase	8–9	Stärke wird in Malzzucker und dieser in Traubenzucker gespalten	Peptide werden in kleinere Spaltstücke und Aminosäuren zerlegt	Vom Fettmolekül werden Fettsäuren abgespalten
Dünndarmsaft (ca. 3,0 l/Tag) enthält Enzyme zur Spaltung von Kohlenhydraten, Peptiden, Fettspaltstückchen; Maltase, Erepsin, Lipase	8,3	Malzzucker wird in Traubenzucker zerlegt	Peptidspaltstücke werden zu Aminosäuren abgebaut	Ein Teil der Fettspaltstücke wird in Glycerin und Fettsäuren zerlegt

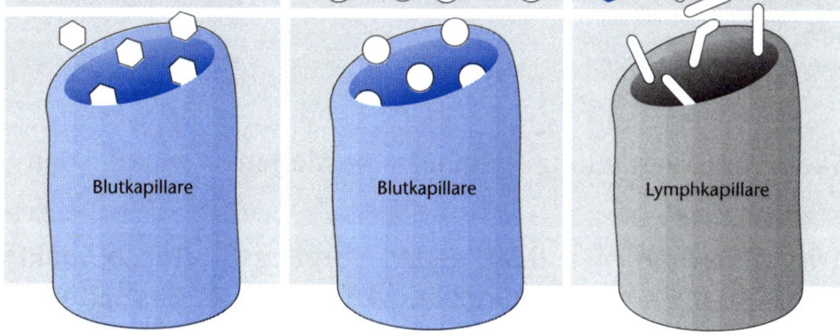

Aufgabe

A06 Informieren Sie sich über den unterschiedlichen Aufbau von Stärke und Zellulose. Begründen Sie, weshalb Zellulose nicht durch Amylasen zerlegt werden kann.

Kohlenhydrate können nur als **Monosaccharide** (Einfachzucker, z.B. Glukose) resorbiert werden.

Die Produkte der Amylaseverdauung sowie alle anderen Disaccharide müssen demnach noch weiter zerlegt werden. Das erfolgt durch **Disaccharidasen** (Maltase, Saccharase), die als periphere Membranproteine an der Außenseite der Mikrozotten der Dünndarmzellen angelagert sind.

Die Endprodukte der Disaccharid-Verdauung sind hauptsächlich **Glukose** und (wesentlich geringer) **Fruktose**.

Glukose wird natriumgekoppelt sekundär aktiv durch die Dünndarmzellen transportiert; Fruktose wird im Gegensatz dazu passiv durch Carrier-vermittelte Diffusion resorbiert. *(Alle Transportmechanismen werden in der mentor Abiturhilfe Zellbiologie erläutert.)*

3.1.2 Verdauung der Proteine

Protein spaltende Enzyme werden als **Proteasen** bezeichnet. Durch sie werden die **Peptidbindungen** gelöst, über die die Aminosäuren kettenartig miteinander verknüpft sind.
Wie Abbildung 21 zeigt, werden zuerst die langen Polypeptidketten durch **Endopeptidasen**, die Peptidbindungen im Inneren der Ketten angreifen, in kürzere Peptide zerlegt. Danach spalten **Exopeptidasen** einzelne Aminosäuren von außen her ab:

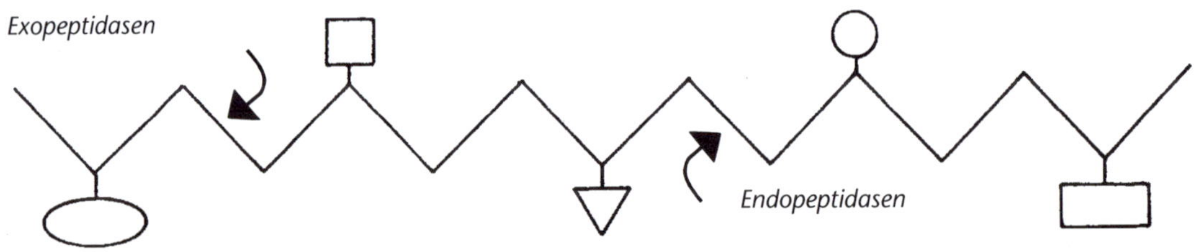

Abb. 21
Die unterschiedlichen Angriffspunkte von Endo- und Exopeptidasen

Die Proteinverdauung beginnt im **Magen** *(vgl. Abb. 19)*.

Wir wollen die hier ablaufenden Vorgänge etwas ausführlicher behandeln, weil an diesem Beispiel wesentliche Zusammenhänge aus vorangegangenen Kapiteln verdeutlicht werden können.

Das Verdauungsenzym des Magens ist das **Pepsin.** Es wird in Form einer inaktiven Vorstufe von speziellen Zellen in der Magenwand, den **Hauptzellen**, hergestellt *(vgl. Abb. 22)*.

Diese inaktive Vorstufe, das **Pepsinogen,** besitzt eine zusätzliche Aminosäurekette, die das aktive Zentrum blockiert. In diesem Zustand ist das Enzym unwirksam.
Im Magen spaltet sich die blockierende Kette unter der Einwirkung von Salzsäure ab. Das nun freigelegte aktive Zentrum verwandelt in einem autokatalytischen Vorgang weiteres inaktives Pepsinogen in aktives Pepsin.

Die **Salzsäure** wird von einem anderen Zelltyp in der Magenwand hergestellt, den **Belegzellen** *(vgl. Abb. 22)*.

Sie sind in der Lage, durch aktiven Transport (also unter Verbrauch von ATP) große Mengen von Wasserstoff- und Chloridionen gegen einen Konzentrationsgradienten von 1:1.000.000 in den Magen zu schleusen. Dadurch wird im Magen der pH-Wert auf Extremwerte von 1–2 verschoben. Unter diesen Bedingungen gerinnen die meisten Proteine.

Von diesem **Gerinnungsprozess** bleiben auch die mit der Nahrung aufgenommenen Bakterien nicht verschont, sodass die Säureproduktion des Magens zu den **unspezifischen Abwehrmechanismen** unseres Körpers gerechnet werden muss.

Daraus ergibt sich allerdings ein kleines Problem. Denn Pepsin, das Verdauungsenzym des Magens, ist selbst ein Protein. Eigentlich müsste es ebenfalls gerinnen und wäre dann unwirksam. Pepsin zeigt aber erstaunliche Eigenschaften.

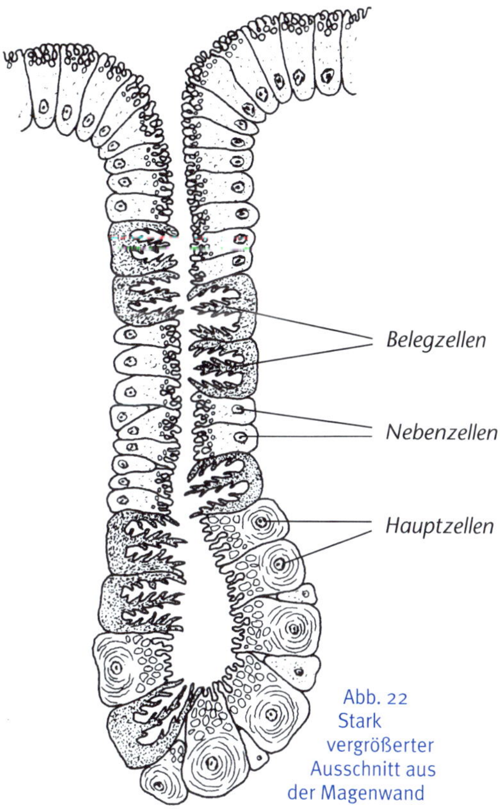

Abb. 22 Stark vergrößerter Ausschnitt aus der Magenwand

Aufgabe

A07 Wie schon erläutert, lässt sich die Aktivität von Enzymen in Abhängigkeit vom pH-Wert experimentell untersuchen (vgl. Kap. A.2.3.2). Das Ergebnis einer Messreihe für **Pepsin** sieht so aus:

pH-Wert	0,7	1,0	1,2	1,6	2,4	2,7	3,0	3,5
% Aktivität	40	63	83	97	96	61	30	3

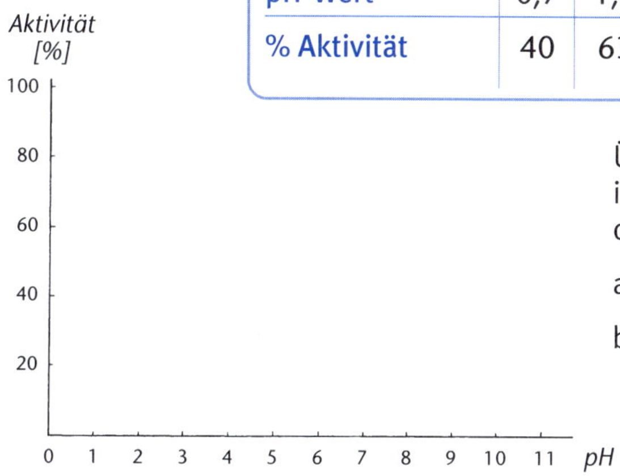

Übertragen Sie die Werte der Tabelle in das Koordinatensystem und verbinde die Messpunkte zu einer Kurve.

a) Welches pH-Optimum hat Pepsin?

b) Welche biologische Funktion hat das ungewöhnliche pH-Optimum von Pepsin?

Die Proteinverdauung im Magen wirft noch ein weiteres Problem auf: Normalerweise wird der Magen selbst durch das Pepsin und die Salzsäure nicht angegriffen. Dieser Schutz vor Selbstverdauung wird durch eine dünne **Schleimschicht** erzielt, die das Mageninnere vollständig auskleidet. Sie besteht aus Glykoproteinen, die über ihre langen Zuckerseitenketten miteinander vernetzt sind und die Magenzellen regelrecht abdichten.

Der Schleim wird kontinuierlich von einem weiteren Zelltyp in der Magenwand, den **Nebenzellen**, hergestellt *(vgl. Abb. 22)*. Wird die Schleimbildung durch Alkohol, Nikotin, Medikamente und andere Stoffe gestört, unterbleibt die Schutzwirkung und es kann zu Magenschleimhautentzündungen oder Magengeschwüren kommen.

Aufgabe

A08 Die folgende Abbildung stellt Hauptzellen und Belegzellen aus dem Magen nach elektronenmikroskopischen Aufnahmen grafisch dar.

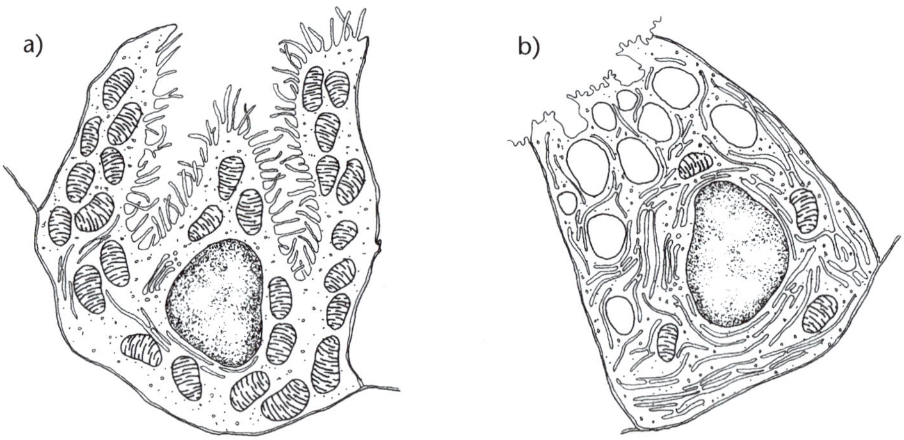

Welche Abbildung zeigt die **Hauptzelle**, welche die **Belegzelle**? Begründen Sie die Zuordnung.

Trotz – oder vielleicht sogar wegen – ihrer Besonderheiten sind die Vorgänge im Magen für die Proteinverdauung von untergeordneter Bedeutung.

Nur 10–15% des Nahrungseiweißes werden durch Pepsin abgebaut. Die Hauptarbeit leisten im **Dünndarm** die Verdauungsenzyme der **Bauchspeicheldrüse**: **Trypsin** und **Erepsin**.

Das Endprodukt dieser Proteinverdauung besteht zu etwa 30% aus einzelnen Aminosäuren und zu etwa 70% aus kurzen Peptiden von 2–3 Aminosäuren.

Die Aminosäuren werden, wie Glukose, natriumgekoppelt durch die Dünndarmzellen transportiert.

Die Peptide werden aktiv oder passiv über Carrier resorbiert, die zum Teil auch enzymatische Eigenschaften besitzen und beim Transport die Peptide weiter zerlegen.

3.1.3 Verdauung der Fette

Nahrungsfett besteht zu 90% aus **Triglyceriden** mit vorwiegend langkettigen Fettsäuren. Unter der Einwirkung von Fett spaltenden Enzymen (**Lipasen**) aus der Bauchspeicheldrüse werden die beiden äußeren Fettsäuren abgespalten, sodass ein **Monoglycerid** übrig bleibt *(vgl. Abb. 23)*.

Da sich Fette nicht in Wasser lösen, sind sie ohne Vorbehandlung unverdaulich und „liegen schwer im Magen". Damit die Lipasen ihre Wirkung voll entfalten können, müssen die Fette im wässrigen Verdauungsbrei **emulgiert** (in kleine Tröpfchen aufgeteilt = Oberflächenvergrößerung) werden. Dies bewirken die **Gallensäuren**, die in der von der Leber gebildeten Gallenflüssigkeit enthalten sind.

Die Bauchspeicheldrüse bildet Lipasen in solchen Mengen, dass im Zwölffingerdarm bereits etwa 80% der Fette gespalten sind und auch dort resorbiert werden.

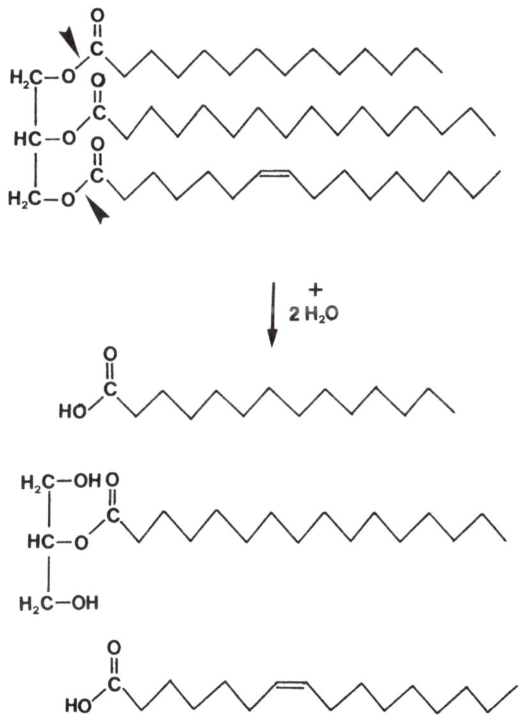

Abb. 23
Die Wirkung von Lipasen bei der Fettverdauung

3.1.4 Stoffwechsel der Nährstoffe im Überblick

Die Zellen verwerten die aufgenommenen Verdauungsprodukte unterschiedlich. Aminosäuren werden in erster Linie zum Aufbau zelleigener Proteine, Glycerin und Fettsäuren zum Aufbau zelleigener Lipide herangezogen. Diese Stoffe fließen also bevorzugt in den **Baustoffwechsel** der Zellen *(zur Proteinbiosynthese vgl. mentor Abiturhilfe Genetik)*.

Im **Energiestoffwechsel** verwerten die Zellen in erster Linie Glukose. Dazu wird ein Molekül Glukose zusammen mit dem eingeatmeten Sauerstoff zu Kohlenstoffdioxid und Wasser abgebaut.

Aufgabe

A09 Die Summenformel für Glukose lautet $C_6H_{12}O_6$. Sauerstoff kommt in der Luft nur molekular als O_2 vor. Die Formel für Kohlenstoffdioxid lautet CO_2, die für Wasser H_2O.
Stellen Sie für den Glukoseabbau eine **Reaktionsgleichung** auf, die die **Stoffmengen** berücksichtigt.
Bedenken Sie, dass beim Glukoseabbau nur Energie freigesetzt wird, stofflich also nichts verloren geht!

$C_6H_{12}O_6$ + ___ O_2 ⟶ ___ CO_2 + ___ H_2O + Energie

Diese Bruttogleichung sagt natürlich nichts über die zahlreichen Teilreaktionen aus; sie zeigt nur das Endergebnis des Glukoseabbaus.

Da es für ein elementares Verständnis der Abbauvorgänge nicht notwendig ist, alle Teilreaktionen zu kennen, wollen wir uns darauf beschränken, in den einzelnen Abschnitten die **Reaktionsprinzipien** zu erläutern.

Dazu ist es sinnvoll, den **Glukoseabbau** zunächst in zwei Abschnitte zu unterteilen:

1. die schrittweise **Zerlegung der Glukose** unter Abspaltung von Wasserstoff;
2. die **Oxidation des Wasserstoffs** durch Sauerstoff unter Energiefreisetzung.

In **Reaktionsgleichungen** ausgedrückt sieht das so aus:

$$C_6H_{12}O_6 + 6\,H_2O \longrightarrow 6\,CO_2 + 12\,(\mathbf{H_2})$$

$$12\,(\mathbf{H_2}) + 6\,O_2 \longrightarrow 12\,H_2O + \text{Energie}$$

Der Wasserstoff tritt dabei natürlich nicht als Gas auf, das sich leicht verflüchtigen würde, sondern wird – wie schon erläutert – enzymatisch an NAD gebunden.

Aufgabe

A10 Formulieren Sie die beiden Reaktionsgleichungen so um, dass die Beteiligung von NAD deutlich wird.
Bedenken Sie, dass jedes NAD-Molekül zwei Wasserstoffatome binden kann.

Der an NAD gebundene Wasserstoff reagiert mit dem eingeatmeten Sauerstoff unter Freisetzung von Energie. Wie viel Energie dabei letztlich freigesetzt wird, hängt vom **Redoxzustand** des Moleküls ab, das zur Energiegewinnung herangezogen wird:

Der Reduktions- bzw. Oxidationszustand (kurz: **Redoxzustand**) eines organischen Moleküls kann an seinem relativen Gehalt an Wasserstoffatomen abgelesen werden. Je mehr Wasserstoffatome in einem Molekül pro Kohlenstoffatom vorkommen, desto stärker ist es reduziert*. Umgekehrt bedeutet ein Ersatz der Wasserstoffatome durch Sauerstoffatome eine stärkere Oxidation. Kohlenstoff ist z.B. im Methanmolekül (CH_4) maximal reduziert, im Kohlenstoffdioxidmolekül (CO_2) dagegen maximal oxidiert. Glukose ($C_6H_{12}O_6$) hat im Vergleich dazu einen mittleren Redoxzustand.

Entscheidend ist nun:

Je höher der relative Anteil an Wasserstoffatomen und je niedriger der relative Anteil an Sauerstoffatomen in einem organischen Molekül ist, desto mehr Energie kann beim oxidativen Abbau dieses Moleküls im Stoffwechsel gewonnen werden.

Aus diesem Grund sind Fettsäuren wie z.B. Palmitinsäure ($C_{16}H_{32}O_2$) sehr viel energiereicher als Glukose oder andere Kohlenhydrate.

! Durch den abbauenden Stoffwechsel wird der organisch gebundene Kohlenstoff von einer mehr oder weniger hohen Reduktionsstufe auf die maximale Oxidationsstufe des CO_2 gebracht.

In den nächsten Abschnitten erläutern wir am Beispiel der Glukose, wie der im Molekül gebundene Wasserstoff schrittweise freigesetzt und an NAD gebunden wird (Stufen 2 und 3). Zum Schluss erläutern wir, wie der an NAD gebundene Wasserstoff mithilfe des eingeatmeten Sauerstoffs so zur Reaktion gebracht wird, dass die dabei frei werdende Energie von den Zellen genutzt werden kann (Stufe 4).

3.2 Stufe 2: Die Glykolyse

Die Zerlegung der Glukose in Kohlenstoffdioxid und koenzymgebundenen Wasserstoff erfolgt über insgesamt etwa 20 hintereinander geschaltete chemische Reaktionen, jede von einem speziellen Enzym katalysiert.

Die erste Hälfte dieser Reaktionsfolge läuft im **Zytoplasma** ab. Da in ihr die **Spaltung** (Lyse) der Glukose erfolgt, wird sie als **Glykolyse*** bezeichnet.

Dabei wird ein Molekül Glukose mit sechs C-Atomen in zwei Moleküle **Brenztraubensäure** mit je drei C-Atomen zerlegt. Diese Glukospaltung ist – wie wir genauer erläutern wollen – mit einer geringen Ausbeute an $NADH_2$ und ATP verbunden.

Paradoxerweise beginnt die Glykolyse aber mit einem ATP-Verbrauch. Im ersten Reaktionsschritt wird das Glukosemolekül **phosphoryliert***: Eine energiereich gebundene Phosphatgruppe wird von ATP auf Glukose übertragen. Dabei entsteht Glukose-Phosphat:

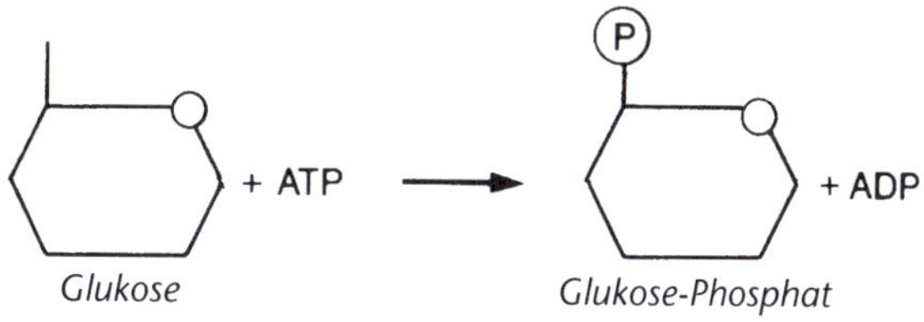

Abb. 24
Die Phosphorylierung von Glukose

Die Übertragung von Phosphatgruppen spielt im Stoffwechsel der Zellen eine ganz wichtige Rolle. Die mit der Phosphatgruppe übertragene Energie kann als **Aktivierungsenergie** betrachtet werden. Die phosphorylierten Moleküle werden dadurch reaktionsfreudiger.

Die Phosphorylierung von Glukose hat aber noch eine weitere Funktion. Der Glukosetransport in die Zelle erfolgt substratspezifisch nach dem Schlüssel-Schloss-Prinzip. Die phosphorylierten Glukosemoleküle können die Zelle nicht mehr verlassen, weil die veränderten Moleküle nicht mehr transportiert werden. Dadurch **reichert** sich die Glukose in der Zelle **an**.

Da die weiteren Reaktionsschritte der Glykolyse nur an phosphorylierten Molekülen erfolgen, wird die phosphorylierte Glukose zunächst in einen anderen Zucker mit sechs C-Atomen umgewandelt: Es entsteht **Fruktose-Phosphat**.

Danach wird diesem Zucker eine weitere Phosphatgruppe von ATP übertragen. Es entsteht **Fruktose-Diphosphat**:

Abb. 25
Die Bildung von Fruktose-Diphosphat

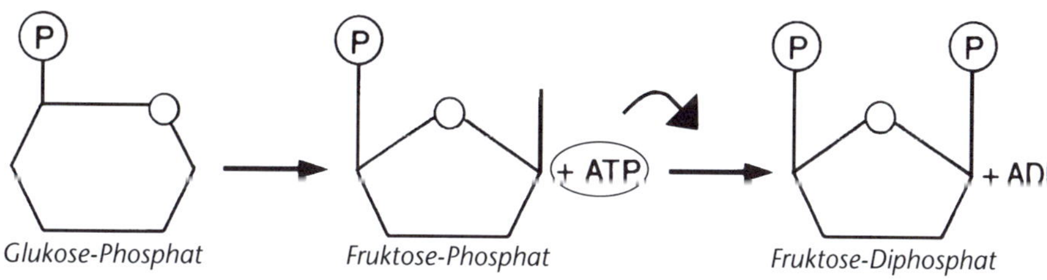

Bis hierher wurden also pro Molekül Glukose zwei Moleküle ATP verbraucht!

Im nächsten Schritt wird Fruktose-Diphosphat – etwas vereinfacht – in zwei Moleküle **Glycerinaldehyd-Phosphat** zerlegt:

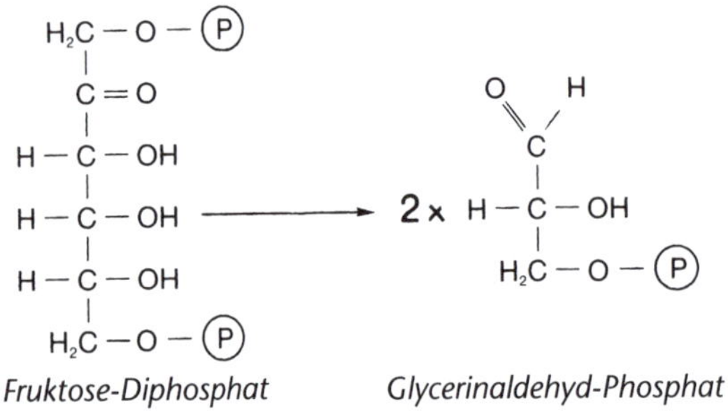

Abb. 26
Die Spaltung von Fruktose-Diphosphat

Der nun folgende Reaktionsschritt ist der wichtigste der Glykolyse: die Oxidation von Glycerinaldehyd-Phosphat zu **Glycerinsäure-Phosphat**.

Es handelt sich allerdings um einen **Oxidationsvorgang**, der völlig ohne Sauerstoff auskommt. Die Oxidation erfolgt durch die hydrolytische Abspaltung von zwei Wasserstoffatomen und deren Übertragung auf das Koenzym NAD *(vgl. Kapitel A.2.3.6)*.

Die Reaktion wird auch in diesem Fall von einer **Dehydrogenase** katalysiert, aber hier muss das Enzym noch mehr leisten. Bei dieser Oxidation wird gleichzeitig eine Phosphatgruppe energiereich an ADP gebunden, also ATP gebildet.

Dazu muss mit der Oxidation eine Phosphatgruppe zunächst an das Substratmolekül angekoppelt werden, und zwar so, dass im folgenden Reaktionsschritt diese Phosphatgruppe **energiereich** auf das ADP **übertragen** werden kann. Diese Reaktion katalysiert eine **Kinase**.

Den kompletten Ablauf zeigt Abbildung 27.

Die Darstellung macht deutlich, dass im Zwischenprodukt die eingeführte Phosphatgruppe (O–Ⓟ) starke Abstoßungskräfte gegenüber dem O-Atom am ersten C-Atom entwickelt (blauer Pfeil). Aus diesem Grund kann diese Phosphatgruppe energiereich übertragen werden.

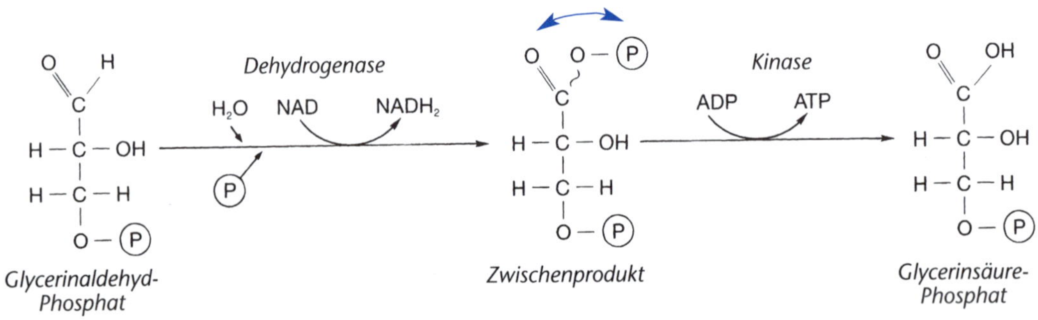

Abb. 27
Die wichtigste Reaktionsfolge der Glykolyse, die mit der Bildung von $NADH_2$ und ATP gekoppelt ist (vereinfachte Darstellung).

Aufgabe

A11 Weshalb kann die Phosphatgruppe am dritten C-Atom nicht energiereich auf ADP übertragen werden?

Die letzten Reaktionsschritte der Glykolyse haben die Funktion, die noch vorhandene Phosphatgruppe innerhalb des Moleküls so **umzulagern**, dass auch sie energiereich auf ADP übertragen werden kann. Dabei entsteht ein zweites Mal ATP.

Zunächst wird die Phosphatgruppe vom dritten auf das zweite C-Atom verschoben und so in eine günstigere Position gebracht. Danach wird dem Molekül Wasser entzogen:

Abb. 28
Die Reaktionsfolge, die die energiereiche Übertragung der zweiten Phosphatgruppe vorbereitet

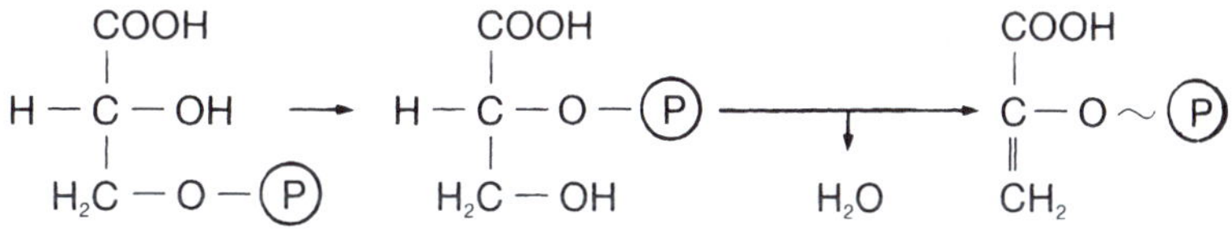

Erst jetzt ist die Phosphatgruppe so energiereich gebunden, dass sie in einer abschließenden Reaktion zur ATP-Bildung genutzt werden kann. Dabei entsteht als **Endprodukt** der Glykolyse **Brenztraubensäure**:

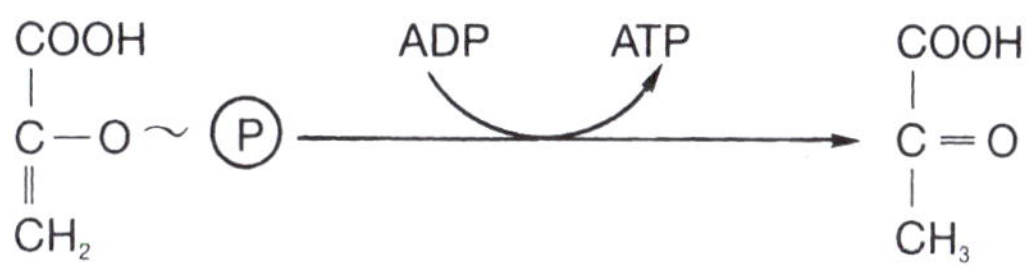

Abb. 29
Die Bildung von Brenztraubensäure (Der doppelt gebundene Sauerstoff stammt von der Phosphatgruppe.)

Aufgabe

A12 a) Formulieren Sie eine **Reaktionsgleichung** für die Glykolyse unter Berücksichtigung der beteiligten Koenzyme.

b) Wie sieht die vorläufige **Energiebilanz der Glykolyse** aus?

Die Glykolyse ist ein sehr früh in der **Evolution** entstandener Stoffwechselweg, der bei allen Organismen in gleicher Weise abläuft. Erst bei der weiteren Verwendung der Brenztraubensäure haben die Organismen in Anpassung an ihre Lebensbedingungen verschiedene Wege eingeschlagen, je nachdem, ob für die Reaktionen **Sauerstoff** zur Verfügung steht oder nicht. (Die Abbauvorgänge, die ohne Sauerstoff auskommen, werden in einem späteren Kapitel behandelt, *vgl. Kap. A.5*.)

Bei ausreichender Sauerstoffversorgung wird die Brenztraubensäure aus dem Zytoplasma, wo die Reaktionen der Glykolyse ablaufen, in die **Mitochondrien** transportiert. Dort erfolgt dann der weitere Abbau.

3.3 Stufe 3: Der Zitronensäure-Zyklus

In den Mitochondrien wird die Brenztraubensäure zunächst **decarboxyliert** (Abspaltung von CO_2) und anschließend **oxidiert** (Abspaltung von Wasserstoff).

Der freigesetzte Wasserstoff wird an NAD gebunden. Die bei der Reaktion entstehende Essigsäure wird ebenfalls an ein Koenzym gebunden. Die Verbindung wird „aktivierte

Essigsäure“ (Acetyl-CoA) genannt, weil die Bindung zum Koenzym ähnlich energiereich ist wie die der Phosphatgruppen im ATP. Die Reaktion zeigt die folgende Abbildung:

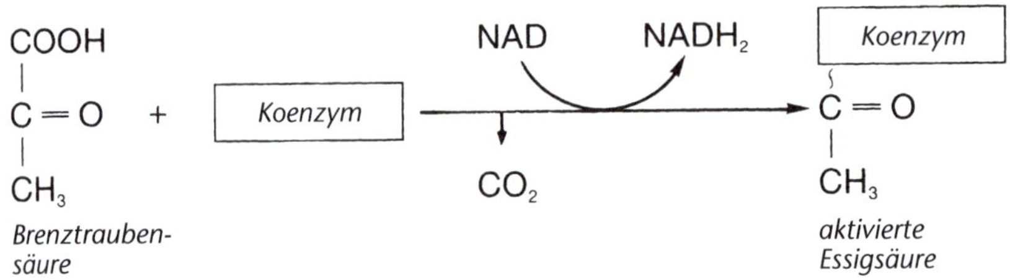

Abb. 30
Die oxidative Decarboxylierung der Brenztraubensäure und die Bildung aktivierter Essigsäure

Aufgabe

A13 Formulieren Sie eine **Reaktionsgleichung** für die oxidative Decarboxylierung der Brenztraubensäure unter Berücksichtigung des beteiligten NAD.

Die aktivierten **Essigsäuremoleküle** treten nun in einen **Kreisprozess** ein, dessen Hauptfunktion die Oxidation (d.h. der Wasserstoffentzug) der CH_3-Gruppen ist.

Die Reaktionsfolge verläuft als **Zyklus**, weil die CH_3-Gruppe nicht unmittelbar oxidiert wird, sondern erst, nachdem das aktivierte Essigsäuremolekül an ein größeres Molekül mit vier C-Atomen (Oxalessigsäure) gebunden wurde, das am Ende des Zyklus aber wieder regeneriert wird.
Durch die einzelnen **Teilreaktionen**, die die Essigsäuremoleküle im Zyklus durchlaufen, werden die zwei C-Atome als CO_2 abgespalten und der dabei frei werdende Wasserstoff auf NAD übertragen.

Wie in Abbildung 31a dargestellt, beginnt der Zyklus mit der Reaktion zwischen einem Molekül aktivierter Essigsäure (C_2) und einem Molekül Oxalessigsäure (C_4) zu einem Molekül Zitronensäure (C_6).
In den darauffolgenden Reaktionen werden zwei der sechs C-Atome der Zitronensäure zu CO_2 oxidiert. Der dabei frei werdende Wasserstoff (H_2) wird zum größten Teil auf NAD übertragen.

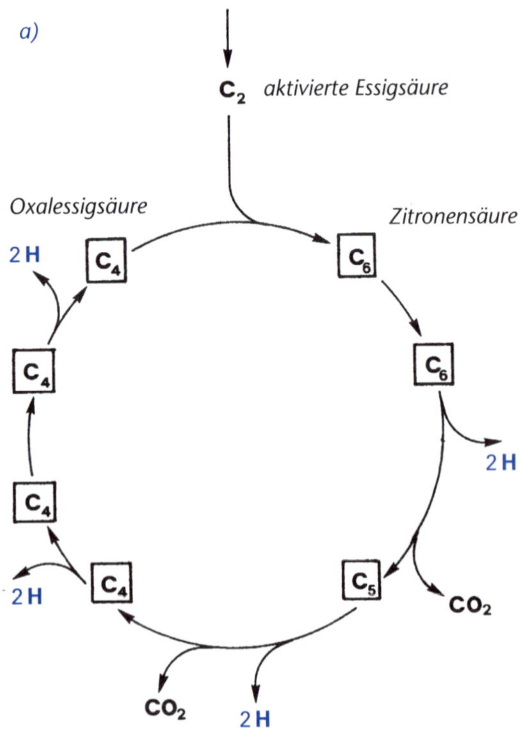

Abb. 31 a
Stark vereinfachtes Schema der Reaktionsfolge im Zitronensäure-Zyklus

b)

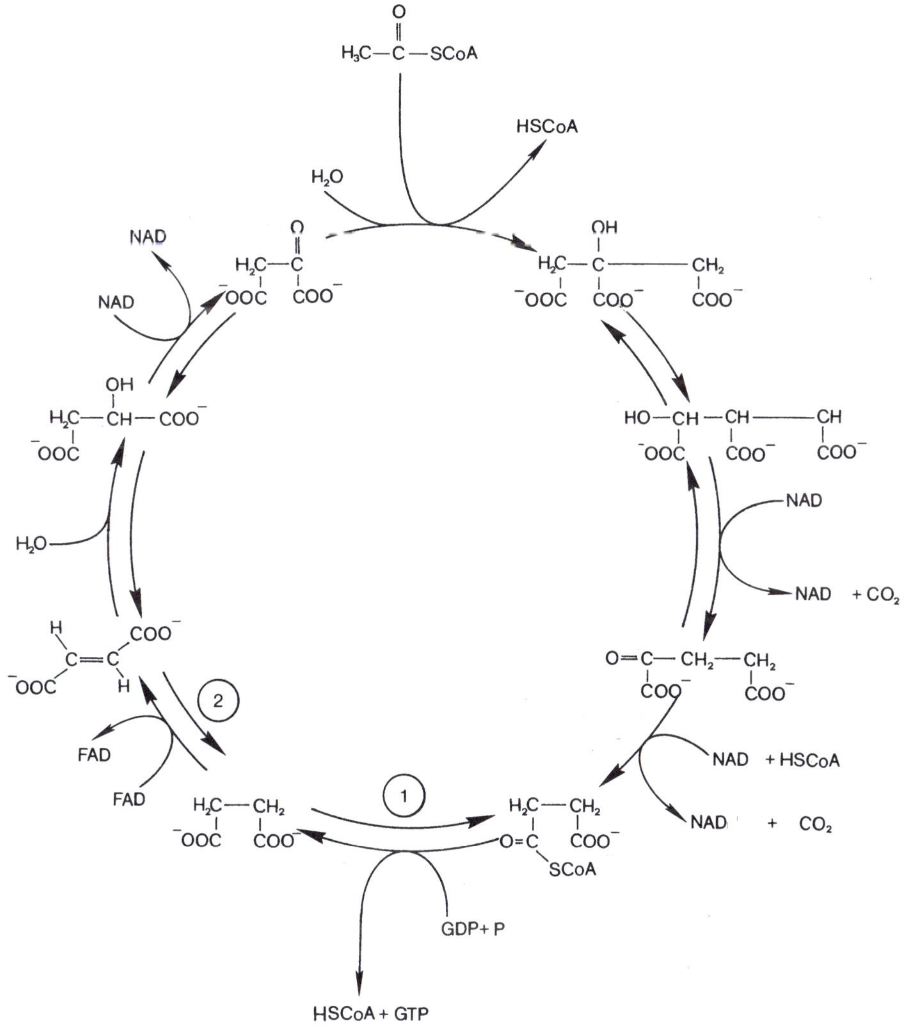

Abb. 31 b
Zitronensäure-Zyklus; die Reaktionsfolge ist durchnummeriert; vgl. Text

Die Energie des Glukosemoleküls steckt nun weitestgehend in diesem koenzymgebundenen Wasserstoff. Dabei ist zu berücksichtigen, dass die Hälfte der koenzymgebundenen Wasserstoffatome nicht aus der Glukose, sondern aus dem Wasser stammen, das für die Reaktionen des Glukoseabbaus benötigt wurde *(vgl. die Reaktionsgleichung auf Seite 36)*.

Wir haben hier bewusst eine vereinfachte Darstellung des Zitronensäure-Zyklus gewählt, weil es uns auf ein Verständnis des Reaktionsprinzips ankommt. Die tatsächliche Reaktionsfolge ist weitaus komplizierter. Wir haben sie aus Gründen der Vollständigkeit mitabgedruckt *(vgl. Abb. 31b)*.

Die wesentlichen Unterschiede bestehen darin, dass

1. bei der Reaktion ① Guanosintriphosphat, verkürzt **GTP**, gebildet wird, das aber wie ATP verrechnet werden kann,
2. bei der Reaktion ② der Wasserstoff nicht an NAD, sondern an das verwandte Koenzym **F**lavin-**A**denin-**D**inukleotid (kurz: **FAD**) gebunden wird.

Aufgabe

A14 a) Formulieren Sie eine **Reaktionsgleichung** für den vollständigen Abbau der aktivierten Essigsäure im Zitronensäure-Zyklus unter Berücksichtigung der Koenzyme.

b) Berechnen Sie aus allen Teilreaktionen des Glukoseabbaus, wie viele Moleküle $NADH_2$ und $FADH_2$ pro Molekül Glukose gebildet werden!

3.4 Stufe 4: Die Atmungskette

Im letzten Abschnitt des Glukoseabbaus wird der koenzymgebundene Wasserstoff über eine Kette enzymatischer Reaktionen auf molekularen Sauerstoff übertragen. Da dieser Sauerstoff mit der Atmung aufgenommen wird, spricht man von **Atmungskette**. Hier werden große Mengen an ATP gebildet. Um diesen für die Energieumwandlung in den Zellen so wesentlichen Vorgang verstehen zu können, müssen wir zunächst einige **strukturelle Besonderheiten** der Mitochondrien erläutern.

3.4.1 Die Feinstruktur der Mitochondrien und ihrer Membranen

a)

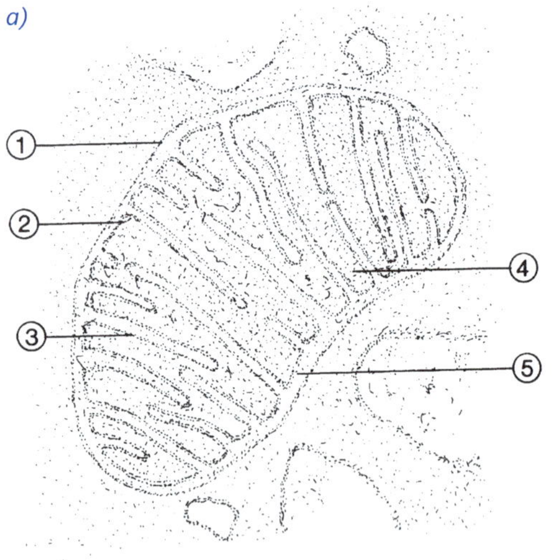

b)

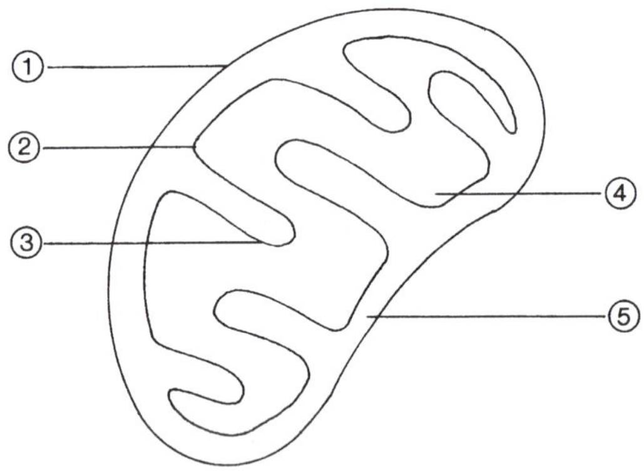

Abb. 32
Mitochondrium a) grafische Darstellung nach elektronenmikroskopischen Aufnahmen; b) schematische Darstellung

Das elektronenmikroskopische Bild zeigt, dass die Mitochondrien zu den Zellorganellen gehören, die von zwei Membranen umgeben sind.

Die **Außenmembran** ① umhüllt das gesamte Mitochondrium wie eine Wursthaut, während die **Innenmembran** ② stark gefaltet ist. Die dabei entstehenden **Einstülpungen** ③ in den Innenraum werden **Cristae*** genannt. Sie vergrößern die Flächen der Innenmembranen so sehr, dass sie bei Leberzellen rund ein Drittel der gesamten Membranfläche der Zelle ausmachen. Diese Oberflächenvergrößerung steht in engem Zusammenhang mit den Energiegewinnungsvorgängen, die an der inneren Mitochondrienmembran ablaufen. Wir werden das im Detail erläutern.

Die Innenmembran unterteilt die Mitochondrien in zwei getrennte Kompartimente: den **Innenraum** ④ (auch **Matrix** genannt) und den **Zwischenmembranraum** ⑤.

Die beiden Kompartimente haben ganz verschiedene Aufgaben und sind daher stofflich völlig anders zusammengesetzt.

Der Zwischenmembranraum enthält lediglich einige Enzyme, die aus ATP andere Nukleotide herstellen, die für den Aufbau von DNA und RNA benötigt werden.

Der Innenraum enthält dagegen eine Vielzahl verschiedener Enzyme (z.B. die des Zitronensäure-Zyklus und des Fettsäurenabbaus) sowie eine eigene DNA und eigene Ribosomen. Die Mitochondrien sind also ziemlich eigenständige Organellen.

Die beiden Mitochondrienmembranen sind völlig unterschiedlich zusammengesetzt. Zwar gleichen sie sich im Aufbau – in eine Doppelschicht aus Phospholipiden, Glykolipiden und Cholesterin sind verschiedene Proteine eingebettet –, doch differiert ihr Gehalt an ebendiesen ganz erheblich. *(Der Aufbau von Mitochondrien und ihren Membranen wird ausführlich in der mentor Abiturhilfe Zellbiologie behandelt.)*

Die Außenmembran hat einen normalen Proteingehalt von 40–50%. Dabei handelt es sich im Wesentlichen um große **Kanalproteine**, die der Außenmembran eine extreme Durchlässigkeit für all die Stoffe verleihen, die die Mitochondrienmembranen passieren müssen. Eine Übersicht gibt Abbildung 33.

Der Proteinanteil der Innenmembran ist demgegenüber gewaltig: Er kann bis zu 80% ausmachen. Diese extreme Abweichung von der Standardverteilung resultiert aus der Tatsache, dass die innere Mitochondrienmembran die Hauptarbeit bei der **Energiegewinnung** zu leisten hat.

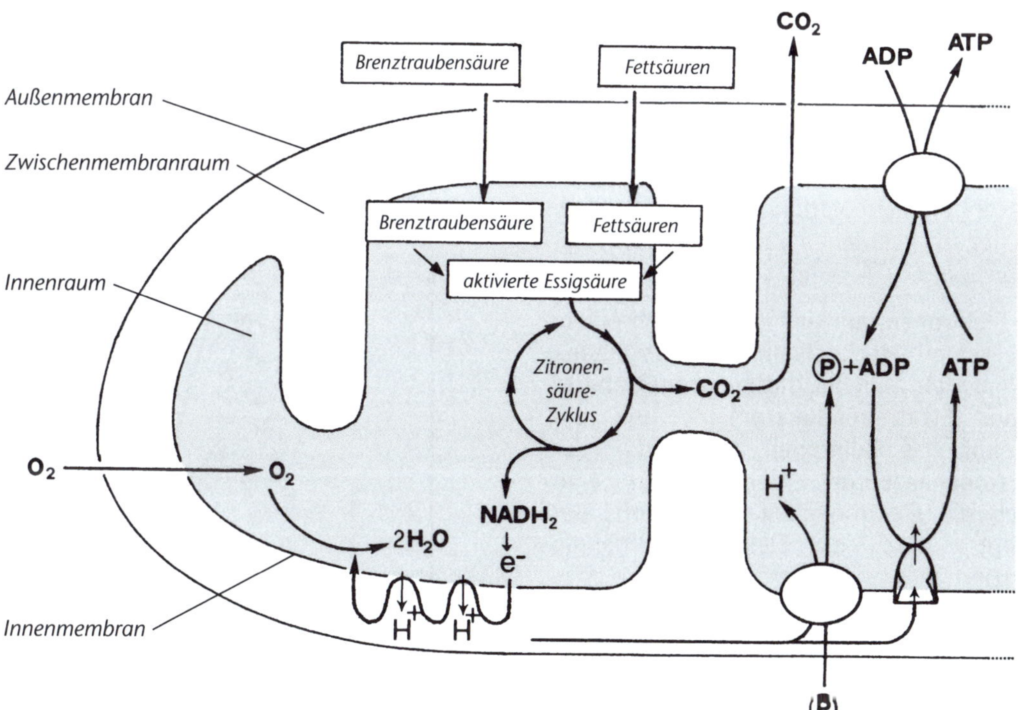

Abb. 33
Übersicht der wichtigsten Stoffe, die die Mitochondrienmembranen passieren müssen

Die **Proteine der Innenmembran** verteilen sich funktionell auf drei **Hauptgruppen**:

1. Enzyme, die die Redox-Reaktionen der Elektronentransportkette katalysieren;
2. ein Enzymkomplex, der für die ATP-Herstellung zuständig ist, und
3. Transportproteine, die sehr selektiv regulieren, welche Stoffe in den Innenraum gelangen sollen und welche ans Zytoplasma abgegeben werden.

3.4.2 Die Elektronentransportkette

Die **unmittelbare** Reaktion des Wasserstoffs aus der abgebauten Glukose mit dem eingeatmeten Sauerstoff hätte eine explosionsartige Freisetzung von Wärmeenergie zur Folge: die klassische Knallgas-Reaktion *(Abb. 34 a)*. Der Energiegewinn für die Zelle wäre gleich null.

Um den **koenzymgebundenen** Wasserstoff für die Herstellung von ATP nutzen zu können, werden im Mitochondrium die Wasserstoffatome zuerst in positiv geladene **Wasserstoffionen** (H^+) und negativ geladene **Elektronen** (e^-) zerlegt.

Die Elektronen durchlaufen eine **Transportkette** in der inneren Mitochondrienmembran, an deren Ende sie auf den eingeatmeten Sauerstoff übertragen werden. Die Wasserstoffionen verbinden sich mit dem nun negativ geladenen Sauerstoff zu Wasser *(Abb. 34 b)*.

Der Elektronentransport erfolgt nach einem allgemeinen Mechanismus. Voraussetzung ist immer ein Molekül, das Elektronen **abgibt** – der **Elektronendonator*** –, und ein Molekül, das Elektronen **aufnimmt** – der **Elektronenakzeptor***. Der Donator wird durch die Elektronenabgabe oxidiert, der Akzeptor durch die Elektronenaufnahme reduziert.

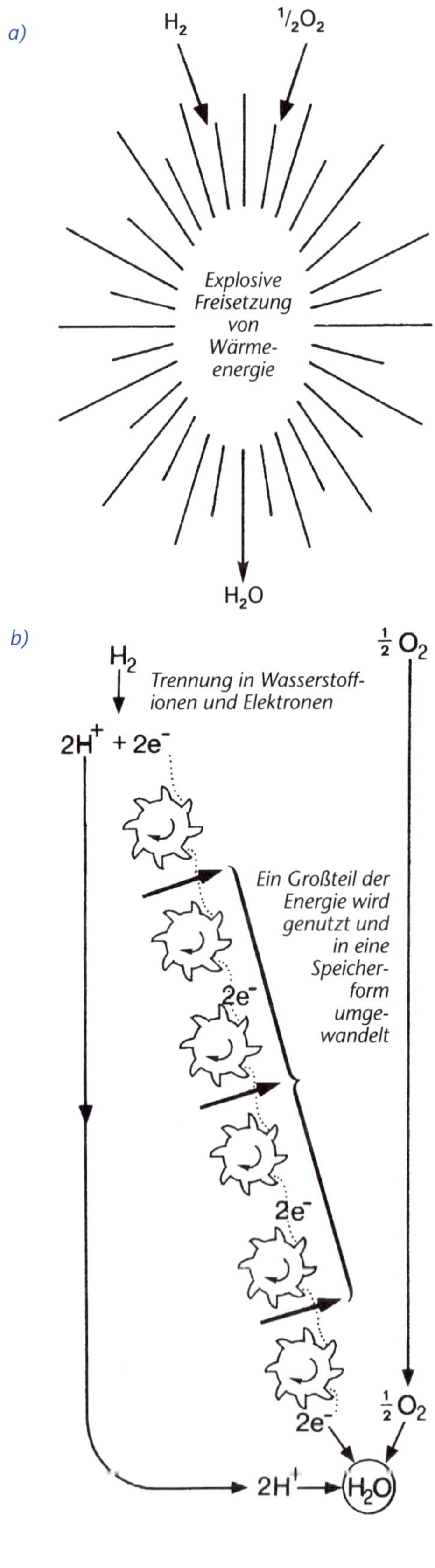

Abb. 34
Schematische Darstellung der Energiefreisetzung a) bei der direkten Oxidation des Wasserstoffs (Knallgas-Reaktion) und b) durch eine Elektronentransportkette

Da also bei der Weitergabe der Elektronen vom Donator auf den Akzeptor ein Oxidationsvorgang mit einem Reduktionsvorgang gekoppelt wird, spricht man vereinfachend von einer Redox-Reaktion.

Werden mehrere solche **Redox-Reaktionen** hintereinandergeschaltet, erhält man eine Transportkette, die die Elektronen von Molekül zu Molekül weitergibt *(vgl. Abb. 35)*.

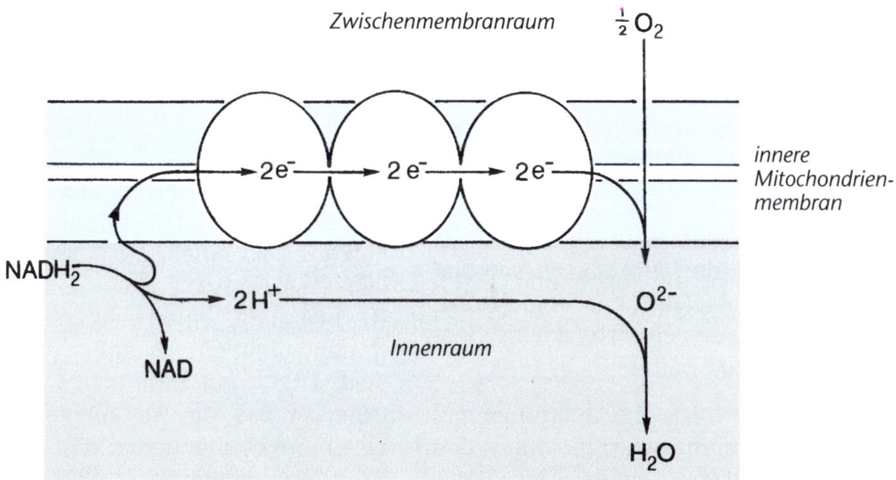

Abb. 35
Das Prinzip einer Elektronentransportkette

Ein solches System würde aber ebenfalls nur Wärmeenergie, jedoch kein ATP erzeugen. In der inneren Mitochondrienmembran ist der Elektronentransport deshalb mit einem Transport von **H^+-Ionen** aus dem Innenraum in den Zwischenmembranraum gekoppelt. Wie das im Prinzip funktioniert, zeigt Abbildung 36.

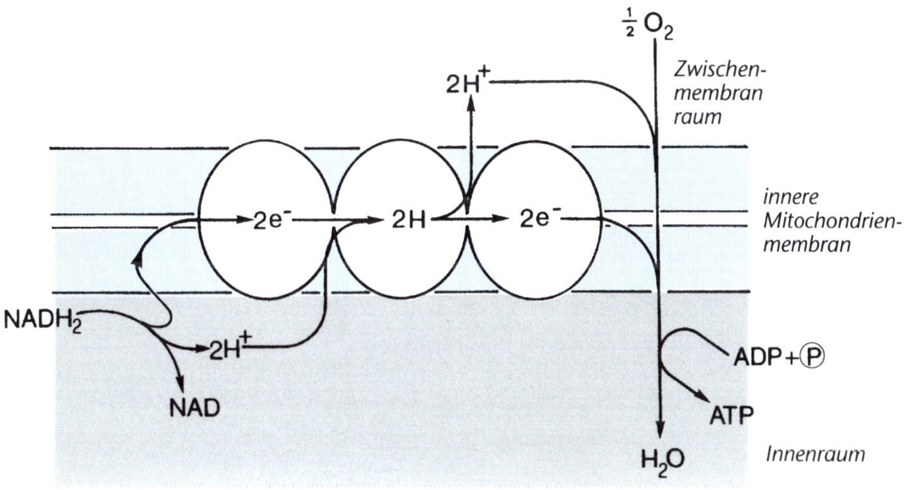

Abb. 36
Aufbau eines H^+-Ionen-Gradienten durch den Transport von Elektronen

Ein Molekül der Elektronentransportkette ist so in der inneren Mitochondrienmembran angeordnet, dass es mit der Elektronenaufnahme auch H^+-Ionen aus dem Innenraum aufnimmt und mit der Elektronenabgabe die H^+-Ionen in den Zwischenmembranraum entlässt.

Wie Abbildung 37 zeigt, besteht die Elektronentransportkette in der inneren Mitochondrienmembran aus drei größeren membrangebundenen Komplexen aus Enzymen und Elektronen-Carriern, zwischen die zwei weitere Elektronen-Carrier eingebunden sind:

① Der **$NADH_2$-Dehydrogenase-Komplex** ist der größte der drei Atmungsenzymkomplexe. Er nimmt Elektronen vom $NADH_2$ auf und gibt sie an den ersten Elektronen-Carrier **Ubichinon** weiter.

② Ubichinon überträgt die Elektronen auf den zweiten Atmungsenzymkomplex, den sogenannten **b/c_1-Komplex**. Der etwas eigenwillige Name hängt damit zusammen, dass die häufigsten Elektronen-Carrier der Atmungskette, die **Zytochrome**, gleich mit mehreren Typen in diesen Komplex eingebaut sind. Der b/c_1-Komplex leitet die Elektronen zum nächsten Elektronen-Carrier Zytochrom c weiter.

③ Zytochrom c überträgt die Elektronen auf den **Zytochrom-Oxidase-Komplex**. Dieser gibt schließlich die Elektronen an den eingeatmeten **Sauerstoff** weiter. Damit der Sauerstoff (O_2) vier H^+-Ionen binden kann, muss das Molekül zunächst 4 Elektronen aufnehmen.

Das zu lösende Problem besteht darin, dass der Sauerstoff nach Aufnahme des ersten Elektrons zu einem ausgesprochen gefährlich reaktionsfreudigen Superoxidradikal (O_2^-) wird, das bereitwillig drei weitere Elektronen aufnimmt, wo immer sie aufzutreiben sind. Durch ein besonderes Reaktionszentrum, in das die Metallionen Kupfer und Eisen eingebunden sind *(vgl. Kap. A.2.3.3)*, kann der Sauerstoff so lange festgehalten werden, bis alle vier Elektronen aus der Atmungskette aufgenommen wurden.

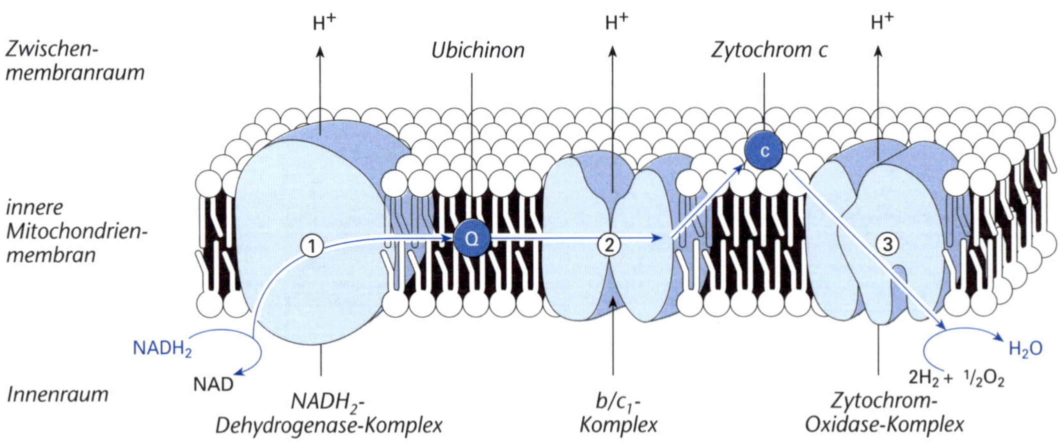

Abb. 37
Die Elektronentransportkette in der inneren Mitochondrienmembran

In den meisten Zellen ist diese Zytochrom-Oxidase-Reaktion für 90% des gesamten Sauerstoffverbrauchs verantwortlich. Gifte wie Kohlenstoffmonoxid oder Cyanid wirken toxisch, weil sie sich irreversibel an diesen Komplex anlagern und damit jeden weiteren Elektronentransport unterbinden.

Da alle drei Atmungsenzymkomplexe als H^+-Ionen-Pumpen arbeiten, entsteht mit der Zeit ein **H^+-Ionen-Gradient** quer zur inneren Mitochondrienmembran. Die Energie, die in diesem Ionen-Gradienten steckt, wird zur ATP-Herstellung und für Transportvorgänge genutzt.

3.4.3 Die ATP-Synthese

Die Herstellung von ATP ist an mehrere **Voraussetzungen** gebunden:

1. Die Ausgangssubstanzen ADP und Ⓟ müssen im Innenraum in **ausreichender Menge** vorhanden sein.

1. Das gewährleisten zwei **Transportproteine** in der inneren Mitochondrienmembran. Wie in Abbildung 33 dargestellt, transportiert das eine Phosphatgruppen zusammen mit H^+-Ionen in den Innenraum; hier wird also bereits die Energie des H^+-Ionen-Gradienten genutzt. Das andere transportiert ADP herein und gleichzeitig ATP hinaus.

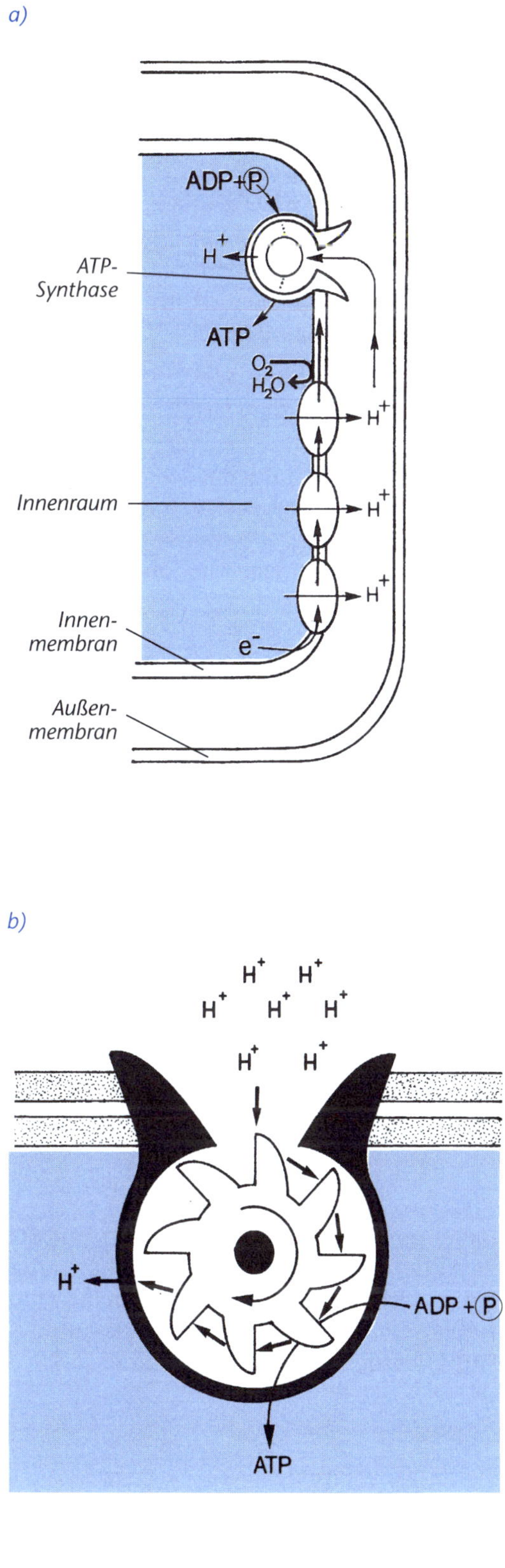

Abb. 38
Die schematische Darstellung zeigt, wie die ATP-Synthase die Energie des H^+-Ionen-Gradienten nutzt, um aus ADP + Ⓟ → ATP herzustellen

2. Die Herstellung von ATP aus ADP und Ⓟ muss **enzymatisch** katalysiert werden.
   Das darauf spezialisierte Enzym, die **ATP-Synthase**, ist ein großer Komplex aus neun verschiedenen Polypeptidketten. Fünf davon bilden einen kugelartigen Kopf, der die ATP-Synthese katalysiert. Der Kopf sitzt auf einem Stiel, der in die innere Mitochondrienmembran integriert ist. Die vier Polypeptidketten des Stiels bilden einen **Ionenkanal**.
3. Die für die Reaktion ADP + Ⓟ $\longrightarrow$ ATP erforderliche **Energie** liefert der **H^+-Ionen-Gradient**, der quer zur inneren Mitochondrienmembran aufgebaut wurde. Voraussetzung für die gezielte Nutzung dieser Energie ist, dass die innere Mitochondrienmembran für kleinere Ionen undurchlässig ist. Dadurch können auch die H^+-Ionen nicht ohne weiteres – ihrem Gradienten folgend – in den Innenraum zurückdiffundieren.

Der geniale Trick der Energieumwandlung in den Mitochondrien beruht auf den Baueigentümlichkeiten der inneren Mitochondrienmembran: Die ATP-Synthase ist so in die innere Mitochondrienmembran integriert, dass die H^+-Ionen hauptsächlich an diesen Stellen aus dem Zwischenmembranraum in den Innenraum des Mitochondriums **zurückfließen** *(Abb. 38 a)*.
Dabei nutzt die ATP-Synthase die Energie der durch den Ionenkanal im Stiel zurückfließenden H^+-Ionen wie eine Turbine zur Herstellung von ATP *(Abb. 38 b)*.

Die innere Mitochondrienmembran arbeitet als **Energieumwandlungsmaschine**, die die Oxidationsenergie des NAD- bzw. FAD-gebundenen Wasserstoffs in ATP-gebundene Energie transformiert.

Aufgabe

A16 Welchen Vorteil hat der gleichzeitige Transport von ADP und ATP?

Dabei liefert jedes Elektronenpaar auf seinem Weg vom NAD zum Sauerstoff die Energie zur Bildung von 3 Molekülen ATP. Pro $NADH_2$ werden also 3 ATP aufgebaut; pro $FADH_2$ werden nur 2 ATP aufgebaut.

Abbildung 39 soll noch einmal zusammenfassend veranschaulichen, an welchen Stellen beim Glukoseabbau $NADH_2$ und $FADH_2$ gebildet wird und wie viele Moleküle ATP daraus gewonnen werden:

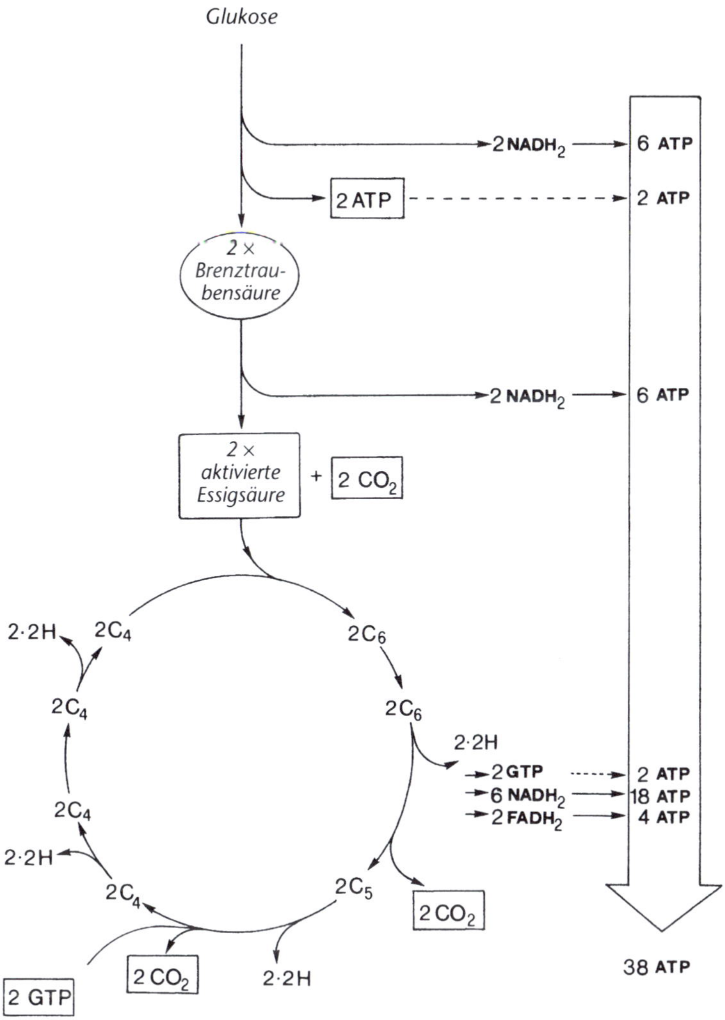

Abb. 39
Übersicht zur Energiebilanz des Glukoseabbaus

Aufgabe

A16 Vom $FADH_2$ werden die Elektronen nicht über den $NADH_2$-Dehydrogenase-Komplex, sondern über Ubichinon in die Elektronentransportkette eingeschleust. Das ist der Grund, weshalb pro Molekül $FADH_2$ nur 2 Moleküle ATP gebildet werden. Erläutern Sie den Zusammenhang unter Zuhilfenahme von Abbildung 37.

Alles in allem werden also pro Molekül Glukose 38 Moleküle ATP gebildet. Das sind fast 50% der Energie, die bei der vollständigen Verbrennung von Glukose freigesetzt würde. Der **Wirkungsgrad** ist also weitaus größer als bei allen technischen Energieumwandlungsmaschinen. Die Benzinmotoren in unseren Autos beispielsweise kommen auf maximal 20%.

3.5 Zusammenfassung

Die Hauptaufgabe des abbauenden Stoffwechsels ist die Erzeugung von ATP, das für Energie verbrauchende Zellvorgänge benötigt wird.
Die Energie für die ATP-Bildung wird aus den mit der Nahrung aufgenommenen Kohlenhydraten, Fetten und Proteinen durch schrittweisen Abbau freigesetzt.

Der **Abbau** erfolgt in **vier Stufen**:

1. Zuerst werden die großen **Nährstoffmoleküle** in ihre Bestandteile – Zucker, Fettsäuren, Aminosäuren – zerlegt; das erfolgt in der Regel außerhalb der Zellen in einem Verdauungssystem.
2. In den Zellen werden diese Moleküle zu einfacheren Einheiten abgebaut, die im Stoffwechsel eine zentrale Bedeutung besitzen: in diesem Fall zu **aktivierter Essigsäure**.
3. Die aktivierte Essigsäure wird nun vollständig in **Kohlenstoffdioxid** und **Wasserstoff** zerlegt.
4. Der Wasserstoff wird mit dem eingeatmeten **Sauerstoff** zur Reaktion gebracht. Die dabei frei werdende Energie wird zur **ATP-Bildung** genutzt.

Hauptaufgabe der **Verdauung** ist es, die aufgenommene Nahrung in Bestandteile zu zerlegen, die durch entsprechende Transportmechanismen durch die Darmwandzellen ins Blut und von dort in alle Körperzellen gelangen können.
Dabei werden die Nährstoffe nicht alle auf einmal abgebaut, sondern zeitlich und räumlich verteilt.
Für jede Nährstoffgruppe gibt es eine spezielle Gruppe von **Verdauungsenzymen**, die den Abbau bewerkstelligen.

Die **Zellen** verwerten die aufgenommenen Verdauungsprodukte unterschiedlich. Aminosäuren werden in erster Linie zum Aufbau zelleigener Proteine, Fettsäuren zum Aufbau zelleigener Lipide herangezogen. Zur Energiegewinnung verwerten die Zellen hauptsächlich Glukose.

Glukose wird zuerst schrittweise in Kohlenstoffdioxid und Wasserstoff zerlegt. Der freigesetzte Wasserstoff wird mithilfe des eingeatmeten Sauerstoffs schließlich oxidiert. Ein Teil der dabei frei werdenden Energie wird in Form von ATP gespeichert.
Die **Zerlegung der Glukose** in Kohlenstoffdioxid und koenzymgebundenen Wasserstoff erfolgt über insgesamt etwa 20 hintereinandergeschaltete chemische Reaktionen.

Die erste Hälfte dieser Reaktionsfolge, die **Glykolyse**, läuft im **Zytoplasma** ab.
Dabei wird ein Molekül Glukose in zwei Moleküle **Brenztraubensäure** zerlegt. Diese Glukosespaltung ist mit einer geringen Ausbeute an $NADH_2$ und ATP verbunden:

- Im ersten Abschnitt wird Glukose unter Verbrauch von zwei Molekülen ATP in **Fruktose-Diphosphat** umgewandelt.
- Im zweiten Abschnitt wird Fruktose-Diphosphat zunächst in zwei Moleküle **Glycerinaldehyd-Phosphat** zerlegt.
- Glycerinaldehyd-Phosphat wird dann zu **Glycerinsäure-Phosphat** oxidiert, wobei der Wasserstoff an NAD gekoppelt wird.
- Mit dieser Reaktion ist die **Übertragung** einer energiereich gebundenen Phosphatgruppe zur Bildung von ATP gekoppelt.

- Durch **Umlagerung** einer **weiteren Phosphatgruppe** und Wasserabspaltung kann im letzten Abschnitt ein weiteres Mal ATP gebildet werden.
- Dabei entsteht Brenztraubensäure, die in die **Mitochondrien** transportiert wird, wo der weitere Abbau im **Zitronensäure-Zyklus** erfolgt.

Glykolyse und Zitronensäure-Zyklus sind durch die **oxidative Decarboxylierung der Brenztraubensäure** unter Bildung von aktivierter Essigsäure miteinander verbunden.

Die **aktivierte Essigsäure** tritt nun in einen **Kreisprozess** ein, dessen Hauptfunktion die **Oxidation der CH_3-Gruppen** ist.
Die Reaktionsfolge verläuft als Zyklus, weil die CH_3-Gruppen erst oxidiert werden, nachdem die aktivierte Essigsäure an ein größeres Molekül, nämlich Oxalessigsäure, gebunden wurde, das am Ende des Zyklus aber wieder regeneriert wird.
Durch die einzelnen Teilreaktionen, die die Essigsäure im Zyklus durchläuft, werden die zwei C-Atome als CO_2 abgespalten und der frei werdende Wasserstoff wird auf NAD übertragen.

Für die **ATP-Bildung** werden die Wasserstoffatome in positiv geladene Wasserstoffionen und negativ geladene Elektronen zerlegt.
Die **Elektronen** durchlaufen eine Transportkette in der inneren Mitochondrienmembran, an deren Ende sie auf den eingeatmeten Sauerstoff übertragen werden.
Mit diesem **Elektronentransport** entlang der inneren Mitochondrienmembran ist ein Transport von **H^+-Ionen** aus dem Innenraum des Mitochondriums in den Zwischenmembranraum gekoppelt. Dadurch entsteht mit der Zeit ein **H^+-Ionen-Gradient** quer zur inneren Mitochondrienmembran.

Die Enzyme für die ATP-Bildung sind so in die innere Mitochondrienmembran integriert, dass nur an diesen Stellen die H^+-Ionen in den Innenraum des Mitochondriums zurückfließen können. Dabei nutzen die Enzyme die Energie der zurückfließenden H^+-Ionen wie eine Turbine zur Herstellung von 3 Molekülen ATP pro Molekül $NADH_2$. Mit den 2 ATP aus der Glykolyse ergibt das 38 Moleküle ATP pro Molekül Glukose.

4. Transport der Atemgase

Mit dem Glukoseabbau ist ein beachtlicher **Gaswechsel** verbunden. Zum einen werden gewaltige Mengen an CO_2 gebildet, das von den Zellen heterotropher* Organismen nicht genutzt wird. Zur Oxidation des koenzymgebundenen Wasserstoffs werden dagegen große Mengen an Sauerstoff (O_2) benötigt.
Alle Zellen sind also darauf angewiesen, dass sie ausreichend mit O_2 versorgt werden und dass das CO_2 abtransportiert wird. Diese Aufgabe erfüllt in unserem Organismus das **Blut**.

Weil Sauerstoff nur sehr schlecht wasserlöslich ist, wird der größte Teil nicht mit der Blutflüssigkeit, sondern mithilfe eines besonderen Transportmoleküls, dem **Hämoglobin** (Hb), den Zellen zugeführt. Das Hämoglobin ist in den roten Blutkörperchen (Erythrozyten) enthalten, die dem Blut seine rote Farbe geben.

Das Hämoglobin-Molekül besteht aus **vier Untereinheiten** *(Abb. 40 a)*. Jede Untereinheit setzt sich aus einem Proteinmolekül und einer sogenannten Häm-Gruppe zusammen. Jede der vier **Häm-Gruppen** kann ein Sauerstoffmolekül binden, weil sich der Sauerstoff zu dem **Eisenion** im Zentrum des Häm-Moleküls hingezogen fühlt.

Das Ausmaß der **Sauerstoffbindung** durch Hämoglobin hängt natürlich in erster Linie von der Sauerstoffkonzentration in seiner Umgebung ab. Wenn wir eine definierte Hämoglobin-Menge unterschiedlichen Sauerstoffkonzentrationen aussetzen, erhalten wir eine Kurve, die zeigt, wie viel Prozent der Hb-Moleküle bei welcher Sauerstoffkonzentration mit O_2 beladen sind *(Abb. 40 b)*. Der Verlauf dieser Sauerstoffbindungskurve ist S-förmig. Wie kommt das zustande?

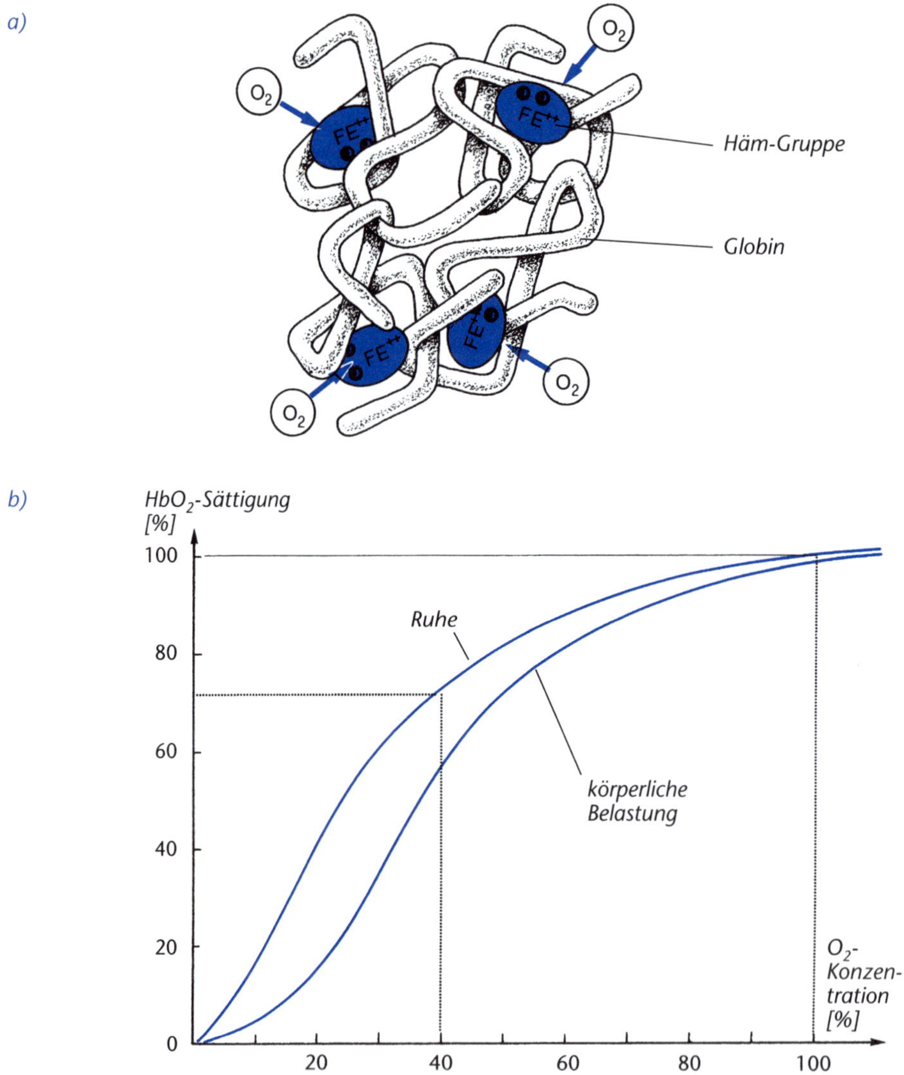

Abb. 40
a) Struktur und b) Sauerstoffbindungskurven des Hämoglobin-Moleküls

Die Sauerstoffbindung durch Hämoglobin erfolgt **kooperativ***, d.h., die vier Untereinheiten beeinflussen sich gegenseitig. Die Bindung des ersten O_2-Moleküls erhöht die Affinität für das zweite; die Bindung des zweiten O_2-Moleküls erhöht die Affinität für das dritte und die Bindung des dritten O_2-Moleküls schließlich für das letzte. Umgekehrt begünstigt die Abgabe eines O_2-Moleküls die Abgabe des nächsten usw., sodass mit zunehmender Sauerstoffabgabe die Affinität immer mehr sinkt.

Diese kooperative Sauerstoffbindung macht Hämoglobin als Sauerstoffüberträger so ungemein effektiv. In der **Lunge** ist die Sauerstoffkonzentration so hoch, dass praktisch alle Hb-Moleküle mit O_2 beladen werden: Die Sauerstoffsättigung beträgt dann 100%.

Dagegen beträgt die Sauerstoffkonzentration des in der Lunge ankommenden Blutes nur noch 40%. Allerdings sind bei diesem Wert noch 75% der Hb-Moleküle mit O_2 beladen. Unter **Ruhebedingungen** nutzt der Körper also nur 25% der Transportkapazität des Hämoglobins.

Das ändert sich, wenn bei intensiver **körperlicher Belastung** große Muskelgruppen sehr viel Sauerstoff verbrauchen. Dann kann die Sauerstoffkonzentration im Blut auf 10% abfallen.

In diesem Konzentrationsbereich ändert sich die Bindungsaffinität so dramatisch (die Bindungskurve fällt steil ab), dass die Hämoglobin-Moleküle ihre O_2-Ladung besonders bereitwillig abgeben. Aber das ist noch nicht alles.
Die Hämoglobin-Moleküle geben ihren Sauerstoff noch bereitwilliger ab, wenn die Bluttemperatur steigt, der CO_2-Gehalt zunimmt und der pH-Wert fällt – d.h., wenn das Blut **angesäuert** wird.

Alle drei Bedingungen treffen bei intensiver körperlicher Belastung zu. Die arbeitende Muskulatur produziert große Mengen an Wärme, an CO_2 und an Milchsäure *(vgl. dazu Kap. A.5.2)*. Durch diese Einflüsse wird die Sauerstoffbindungskurve nach rechts verlagert, sodass bei gleicher Sauerstoffkonzentration die O_2-Abgabe begünstigt wird.

Im Gegensatz zum Sauerstoff ist Kohlenstoffdioxid (CO_2) sehr gut in Wasser löslich. Deshalb existiert für CO_2 kein besonderes Transportmolekül.

Der größte Teil des CO_2 verbindet sich in einer chemischen Reaktion mit Wasser, wobei **Kohlensäure** gebildet wird:

$$CO_2 + H_2O \longrightarrow H_2CO_3$$

Ohne Katalysator würde diese Reaktion bei Körpertemperatur nur sehr langsam ablaufen. Innerhalb der roten Blutkörperchen (Erythrozyten) existiert deshalb ein Enzym, die **Carboanhydratase**, das die Reaktion beschleunigt.

5. Glukoseabbau ohne Sauerstoff

Der Glukoseabbau zielt in erster Linie auf die Gewinnung von Energie in Form von ATP.

ATP wird dabei auf zweierlei Weise gewonnen:

1. über energiereich gebundene Phosphatgruppen an Zwischenprodukten des Glukoseabbaus *(vgl. die Reaktion in Abb. 27)*;
2. über die Wasserstoffoxidation in der Atmungskette.

Die **Wasserstoffoxidation** kann aber nur erfolgen, wenn Sauerstoff in ausreichenden Mengen zur Verfügung steht. Es ist deshalb nicht weiter verwunderlich, dass sich Stoffwechselwege entwickelt haben, die eine ATP-Bildung auch ohne Sauerstoff, d.h. **anaerob**, erlauben.

Dabei wurden zwei völlig verschiedene Wege eingeschlagen:

- Bei der einen Variante wird das Prinzip der Wasserstoffoxidation beibehalten. Der koenzymgebundene Wasserstoff wird allerdings nicht auf molekularen Sauerstoff (O_2) übertragen, sondern auf Substanzen, in denen der **Sauerstoff in gebundener** Form vorliegt. Die bekanntesten sind Nitrat (NO_3^-) und Sulfat (SO_4^{2-}). Es handelt sich also um eine Atmung ohne (molekularen) Sauerstoff, die sogenannte **anaerobe Atmung**.

Der Energiegewinn bei dieser Variante, die von einigen Bakterienarten praktiziert wird, entspricht dem aeroben Glukoseabbau.

- Die andere Variante kommt **völlig ohne Sauerstoff** aus. Der koenzymgebundene Wasserstoff wird hier auf Moleküle übertragen, die beim Glukoseabbau entstehen. Die Anhäufung dieser organischen Verbindungen, die mangels Sauerstoff nicht weiter abgebaut werden können, ist das charakteristische Merkmal dieser Stoffwechselwege, die als **Gärungen** bezeichnet werden.

Wir wollen die bekanntesten etwas ausführlicher beschreiben: die **Alkoholgärung** durch Hefe und die **Milchsäuregärung** im Skelettmuskel.

5.1 Alkoholgärung durch Hefe

Ethanol *(Strukturformel vgl. Abb. 41)* ist ein unter Mikroorganismen weitverbreitetes Produkt der **Zuckervergärung.** Die Hauptproduzenten sind aber **einzellige Pilze** vom Stamm *Saccharomyces cerevisiae* – zu deutsch: Hefe.

Eigentlich sind die Hefen zu aerobem Glukoseabbau in der Lage. Erst unter **Luftabschluss** vergären sie Glukose zu Ethanol und CO_2. Steht ihnen wieder ausreichend Sauerstoff zur Verfügung, stellen sie ihren Stoffwechsel entsprechend um.

Ohne Sauerstoff nutzen die Hefen die ATP-Bildung in der Glykolyse. Die anfallende Brenztraubensäure wird aber nicht über den Weg der oxidativen Decarboxylierung in den Zitronensäure-Zyklus eingeschleust, sondern in einem ersten Reaktionsschritt ohne Wasserstoffentzug decarboxyliert. Dabei entsteht **Acetaldehyd** *(Abb. 41)*.

Im zweiten Reaktionsschritt wird Acetaldehyd mithilfe des koenzymgebundenen Wasserstoffs aus der Glykolyse zu Ethanol reduziert. Durch diesen zweiten Reaktionsschritt wird NAD zurückgewonnen, das für die Glykolyse-Reaktion wieder zur Verfügung steht.

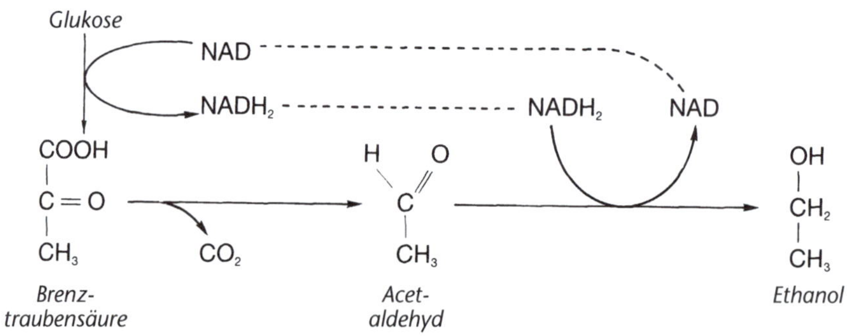

Abb. 41
Die Reaktionsfolge bei der Alkoholgärung

Aufgabe

A17 a) Formulieren Sie die Summengleichung der Alkoholgärung.
b) Geben Sie an, wie groß der ATP-Gewinn pro Molekül Glukose ist.

5.2 Milchsäuregärung im Skelettmuskel

Die Vergärung von Glukose zu Milchsäure ist in erster Linie eine Eigenschaft verschiedener Mikroorganismen, die als **Milchsäurebakterien** bezeichnet werden. Ihre besondere Fähigkeit wird schon lange zur Herstellung verschiedener Sauermilch-Produkte (Buttermilch, Joghurt, Quark) kommerziell genutzt.

Interessanterweise verfügt aber auch unsere **Skelettmuskulatur** über diesen Stoffwechselweg. Er dient hier zur **Energieversorgung** in Situationen, in denen die Muskulatur noch nicht oder nicht mehr ausreichend mit Sauerstoff versorgt ist.

Im Unterschied zur Alkoholgärung wird die Brenztraubensäure **unmittelbar** mithilfe des koenzymgebundenen Wasserstoffs aus der Glykolyse zu Milchsäure reduziert:

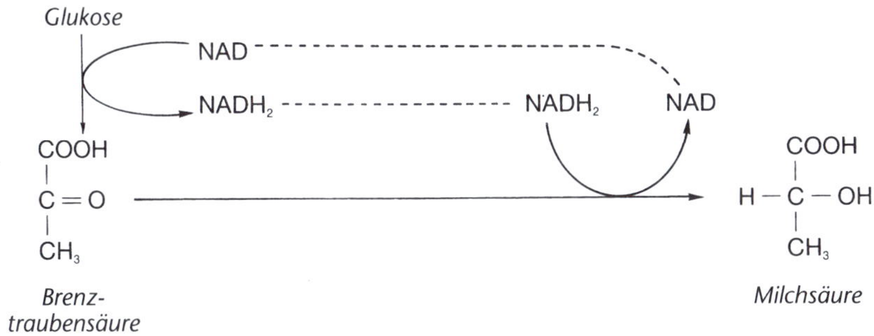

Abb. 42
Die Milchsäuregärung

Der **biologische Sinn** dieses Stoffwechselweges ist leicht einsichtig zu machen. Wenn das bei der Glykolyse entstandene $NADH_2$ nicht mehr über die Atmungskette zu NAD reoxidiert werden kann, weil dort kein Sauerstoff mehr als Endempfänger zur Verfügung steht, würde sich das $NADH_2$ in der Zelle anhäufen. Die Glykolyse weiterer Zuckermoleküle würde dadurch behindert, weil irgendwann der gesamte NAD-Vorrat als $NADH_2$ vorliegen würde. Indem die Brenztraubensäure den Wasserstoff des $NADH_2$ übernimmt, wird genügend NAD zurückgewonnen, das in der Glykolyse wieder reduziert werden kann.

Aufgabe

A18 a) Formulieren Sie die **Summengleichung** der Milchsäuregärung.
b) Geben Sie an, wie groß der ATP-Gewinn pro Molekül Glukose ist.

Der Vorteil des anaeroben Glukoseabbaus liegt auf der Hand: Er kann **unabhängig** von der Sauerstoffversorgung der Zelle und ohne Zeitverlust **sofort** auf Hochtouren anlaufen. Normalerweise benötigen bei körperlicher Belastung die Umstellungsvorgänge im Herz-/Kreislauf- und Atmungssystem eine gewisse Zeit, sodass die Energiebereitstellung auf aerobem Wege nur langsam anläuft. Erst nach etwa 2 Minuten wird der Sauerstoffbedarf der arbeitenden Muskelzellen gedeckt. Bis dahin müssen die Muskelzellen ihren Energiebedarf aus ihrem Vorrat an energiereichen Phosphatverbindungen (ATP, Kreatinphosphat) und aus dem anaeroben Glukoseabbau decken:

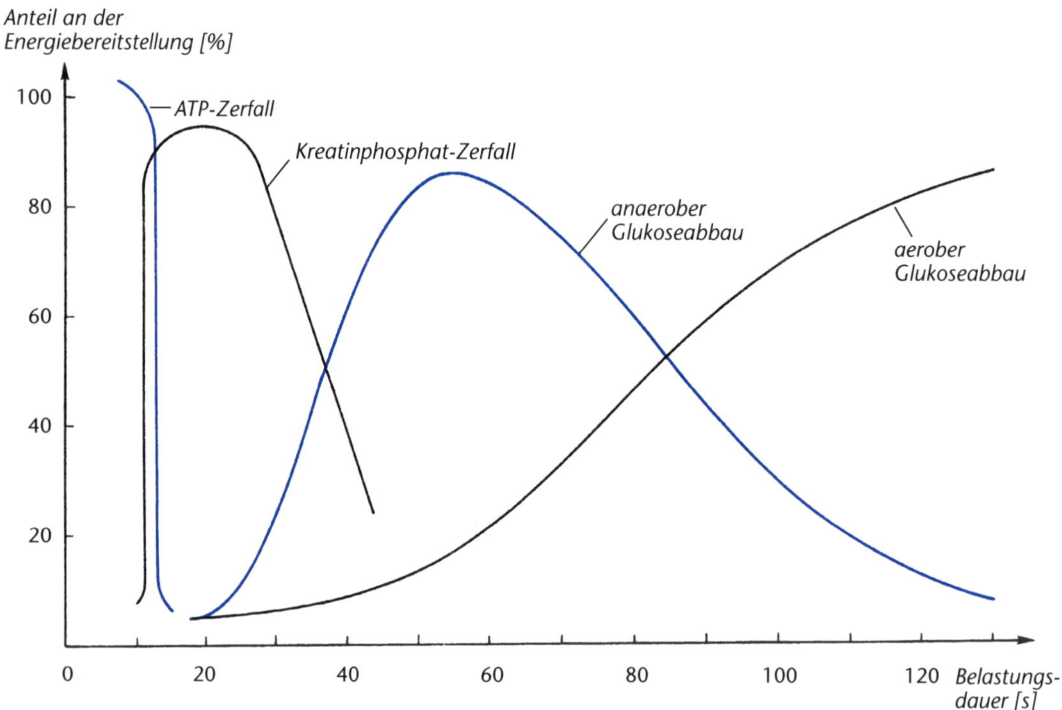

Abb. 43
Anteile der verschiedenen Energie liefernden Prozesse bei intensiver körperlicher Belastung

Bei intensiver körperlicher Belastung (z.B. bei einem schnellen Dauerlauf) reicht die Sauerstoffversorgung auch nach der Umstellung des Herz-/Kreislauf- und Atmungssystems nie ganz aus, um den Energiebedarf der arbeitenden Muskulatur zu decken. Aerober und anaerober Glukoseabbau laufen dann **gleichzeitig**.

Aufgabe

A19 Was würde passieren, wenn sich die gebildete Milchsäure in den Muskelzellen anhäufen würde?

Eine **Übersäuerung** der Muskelzellen durch die Milchsäure wird zunächst verhindert, weil die Milchsäure aus den Muskelzellen ins zirkulierende Blut transportiert wird. Dieser Abtransportmechanismus ist so effektiv, dass ein ausreichend durchbluteter Muskel die Anhäufung der Milchsäure in seinen Zellen lange hinauszögern kann.

Die mit dem Blut verteilte Milchsäure wird in der Leber benutzt, um in einem Energie verbrauchenden Prozess neue Glukosemoleküle aufzubauen (**Glukoneogenese**).

Die Herzmuskelzellen decken bei körperlicher Belastung ihren Energiebedarf bis zu 50% aus Milchsäure, die sie in Brenztraubensäure zurückverwandeln und dann zum weiteren Abbau in die Mitochondrien einschleusen.

Bei nicht zu intensiver körperlicher Belastung kann sich ein Gleichgewicht zwischen der Milchsäureproduktion in den besonders beanspruchten Muskelzellen und dem Milchsäureabbau in den Leber- und Herzmuskelzellen einstellen.

Bei sehr hohen Belastungsintensitäten kann dieses Gleichgewicht nicht aufrechterhalten werden, und die Milchsäurekonzentration im Blut und dadurch auch in den arbeitenden Muskelzellen steigt unweigerlich an, wodurch die ATP-Bildung zunehmend behindert wird: Der Muskel wird sauer.

6. Die Fettsäureoxidation

Wir haben die Vorgänge der Energiegewinnung am Beispiel des Glukoseabbaus so ausführlich dargestellt, weil normalerweise Glukose als wichtigster Energielieferant fungiert.

Die meisten Zellen können aber auch **Fettsäuren** zur ATP-Bildung heranziehen. In Organen mit besonders hohem Energieverbrauch (Herz, Skelettmuskeln) sind die Zellen sogar auf diese Art der Energiegewinnung spezialisiert und betreiben sie grundsätzlich parallel zum Glukoseabbau.

Fettsäuren werden bei der Verdauung aus Nahrungsfett freigesetzt. Das passiert aber nur nach entsprechenden Mahlzeiten. Um einen kontinuierlichen Nachschub sicherzustellen, speichern tierische Zellen Fettsäuren in Form von **Depotfett** *(vgl. Kap. A.8)*, aus dem dann bei Bedarf wieder Fettsäuren mobilisiert werden können.

> **Fettsäuren** werden ebenso wie Glukose zu aktivierter Essigsäure abgebaut, die dann über Zitronensäure-Zyklus und Atmungskette zur ATP-Bildung genutzt wird.

Wir können diesen Sachverhalt noch einmal anhand des Übersichtsschemas *(vgl. Abb. 17)* veranschaulichen.
Mit der Nahrung aufgenommene Fette werden in der 1. Stufe, der Verdauung, im Wesentlichen zu Fettsäuren abgebaut. Diese Fettsäuren werden in der 2. Stufe zu aktivierter Essigsäure abgebaut, die in die 3. Stufe, den Zitronensäure-Zyklus, eingeschleust wird. Schließlich wird in der 4. Stufe sämtlicher koenzymgebundener Wasserstoff über die Elektronentransportkette zur ATP-Bildung genutzt.
Im Unterschied zur Glukose erfolgt der Fettsäureabbau bis zur aktivierten Essigsäure nicht im Zytoplasma, sondern im **Innenraum der Mitochondrien**. Dort wird jedes Fettsäuremolekül zunächst unter Ver-

brauch von zwei ATP an ein Koenzym gebunden. Diese Verbindung wird in Analogie zur aktivierten Essigsäure als **aktivierte Fettsäure** bezeichnet.
Die aktivierte Fettsäure wird nun über einen Reaktionszyklus abgebaut, durch den je Umlauf ein Molekül Essigsäure zusammen mit dem Koenzym vom Ende her abgetrennt wird. Durch die somit gebildete aktivierte Essigsäure wird die Fettsäure um zwei C-Atome verkürzt und sofort wieder durch ein Koenzym aktiviert:

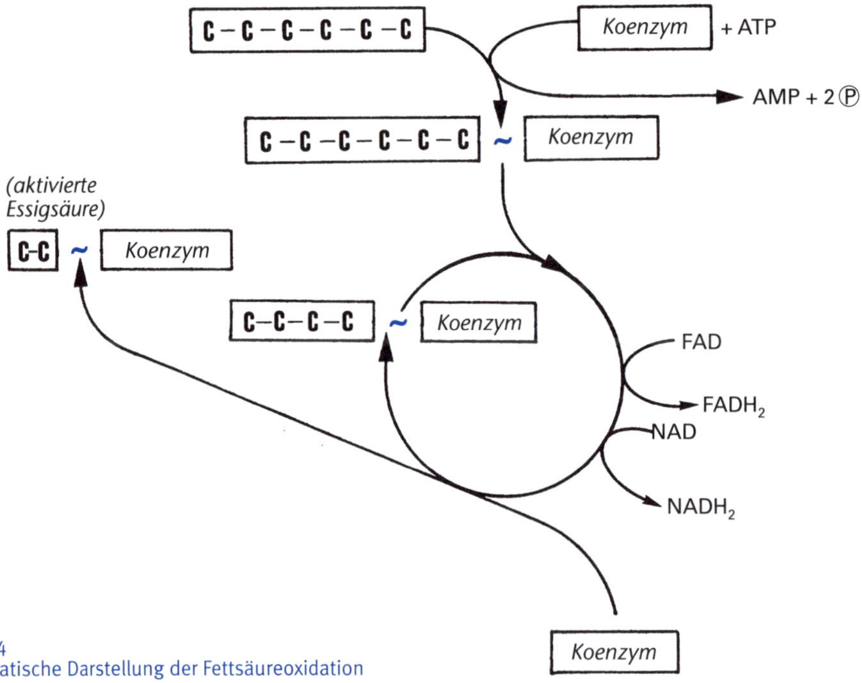

Abb. 44
Schematische Darstellung der Fettsäureoxidation

Vor der Abtrennung der aktivierten Essigsäure wird das Fettsäuremolekül zweimal oxidiert, wobei der freigesetzte Wasserstoff an zwei Koenzyme gebunden wird: an NAD und an das ähnlich aufgebaute FAD (**F**lavin-**A**denin-**D**inukleotid).
Der Reaktionszyklus wird so oft durchlaufen, bis bei der letzten Spaltung zwei Moleküle aktivierte Essigsäure übrig bleiben.

Aufgabe

A20

a) Wie oft muss der Reaktionszyklus durchlaufen werden, um ein Molekül **Palmitinsäure** ($C_{15}H_{31}COOH$) vollständig in aktivierte Essigsäure zu verwandeln?

b) Wie viele Moleküle aktivierte Essigsäure entstehen bei diesem Abbau?

c) Wie viele Moleküle $NADH_2$ und $FADH_2$ entstehen insgesamt (einschließlich der abgebauten aktivierten Essigsäure)?

d) Wie groß ist die ATP-Ausbeute?

7. Aminosäuren als Brennstoffe

Aminosäuren sind eigentlich keine Energieträger. Sie werden in allen Zellen in erster Linie zum Aufbau von **Proteinen** verwertet. Aus diesem Grund ist der Bedarf an Aminosäuren relativ konstant. Unserem Organismus reicht dafür eine tägliche Proteinzufuhr von etwa 0,8 g pro kg Körpergewicht.

Aufgabe

A21 Berechnen Sie die **Proteinmenge**, die Ihren persönlichen Bedarf deckt.

Durch die Ernährungsgewohnheiten in den meisten Industrieländern liegt der durchschnittliche Proteinkonsum deutlich höher. Laut Ernährungsbericht der Deutschen Gesellschaft für Ernährung liegen die Verbrauchswerte für Frauen bei 59 g und für Männer bei 70 g pro Tag.

Die überschüssig aufgenommenen Aminosäuren können weder gespeichert noch ausgeschieden werden. Sie werden als **Brennstoffe** verwertet. Das ist möglich, weil die Kohlenstoffkörper der meisten Aminosäuren in den Glukoseabbau eingeschleust werden können.

Wir wollen auch diesen Zusammenhang noch einmal anhand des Übersichtsschemas *(vgl. Abb. 17)* veranschaulichen.

Mit der Nahrung aufgenommene Proteine werden in der 1. Stufe, der Verdauung, zu Aminosäuren abgebaut. Alle überschüssigen Aminosäuren werden entweder in die 2. Stufe des Glukoseabbaus, die Glykolyse, oder in die 3. Stufe, den Zitronensäure-Zyklus, eingeschleust und dort weiter abgebaut. Der dabei gewonnene koenzymgebundene Wasserstoff wird in der 4. Stufe zur ATP-Bildung genutzt.

In allen diesen Fällen ist zuerst die **Aminogruppe** zu entfernen. Das erfolgt in unserem Organismus in der **Leber**. Über einen speziellen Reaktionszyklus wird aus zwei Aminogruppen, die als NH_3 abgespalten werden, und aus Kohlenstoffdioxid **Harnstoff** hergestellt:

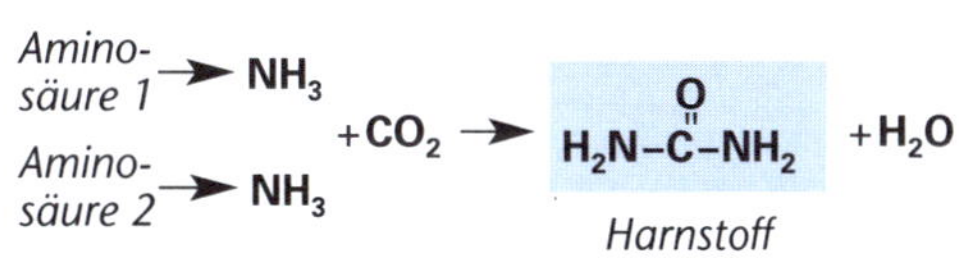

Dieser Harnstoff wird dann im Blut zur Niere transportiert und mit dem Urin ausgeschieden.

8. Energiespeicherung durch Fett und Glykogen

Der Energiestoffwechsel der Zellen wird in erster Linie durch Glukose und Fettsäuren aus verdauten Kohlenhydraten und Fett angetrieben.
Um einen kontinuierlichen Nachschub an Brennstoffen zu gewährleisten, **speichern** tierische Zellen einen Teil der aufgenommenen Fettsäuren in Form von **Fett** und Glukose in Form von **Glykogen** – allerdings in unterschiedlichen Mengen.

Ein Erwachsener hat durchschnittlich nur so viel Glykogen gespeichert, dass der Energiebedarf eines Tages gedeckt werden kann, aber genügend Fett, um einen Monat ohne Nahrung auszukommen (manche Zeitgenossen auch noch länger). Das mag damit zusammenhängen, dass im Fett etwa sechsmal mehr Energie gespeichert werden kann als in der gleichen Menge Glykogen. Wäre Glykogen unser Hauptenergiespeicher, würden wir durchschnittlich 30 kg mehr auf die Waage bringen.

Glykogen ist ein großes, verzweigtes Molekül aus Glukoseeinheiten, dessen Herstellung und Abbau einer sehr genauen, bedarfsabhängigen Regulation unterliegt.

Der wichtigste **Glykogenspeicher** unseres Organismus befindet sich in der **Leber**. Wenn die Glukosenachfrage der Zellen steigt (und dadurch die Blutglukose-Konzentration sinkt), wird Glykogen zu Glukose abgebaut und ins Blut abgegeben. Nach jeder Mahlzeit wird der Glykogenspeicher wieder aufgefüllt.

Fettsäuren werden von großen **Fettzellen** aufgenommen, die jeweils drei von ihnen mit Glycerin zu Fettmolekülen zusammenbauen. Da die **Fettmoleküle** praktisch wasserunlöslich sind, fließen sie zu einem großen Fett-Tröpfchen zusammen, das fast das gesamte Volumen einer Fettzelle einnimmt.

Die Mobilisierung der so gespeicherten Fettsäuren erfolgt nur bei extremem **Energiemangel** bei körperlicher Belastung oder nach längerem Fasten. Dazu kommt es aber natürlicherweise in geringem Umfang jede Nacht (sofern wir nicht gegen 24 Uhr noch einmal den Kühlschrank plündern), sodass der größte Teil der aktivierten Essigsäure, die morgens in den Zitronensäure-Zyklus fließt, aus gespeicherten Fettsäuren stammt. Erst nach dem Frühstück kommt die aktivierte Essigsäure wieder vorwiegend aus der aufgenommenen Glukose.

9. Regulation des Energiestoffwechsels

Sinn und Ziel der abbauenden Stoffwechselwege ist im Wesentlichen die Herstellung von ATP. Ein Erwachsener setzt im Durchschnitt jeden Tag eine ATP-Menge um, die etwa seinem Körpergewicht entspricht.
Benötigt wird dieses ATP zum einen für die Aufrechterhaltung sämtlicher Körperfunktionen. Dieser **Grundumsatz** ist in erster Linie abhängig vom **Körpergewicht**: je mehr Zellen, desto größer der Energiebedarf. Dazu kommt der **Leistungsumsatz**, der sich nach der Schwere der **körperlichen Belastung** (Arbeit, Sport) richtet. Beim Durcharbeiten der schwierigen Materie in diesem Buch wird also – so leid es uns auch tut – kaum Stoffwechselenergie verbraucht.

Der ATP-Bedarf ist also individuell sehr unterschiedlich, und selbst von Zelle zu Zelle gibt es erhebliche Schwankungen. Da ATP praktisch nicht gespeichert werden kann, muss jede Zelle über einen **Regulationsmechanismus** verfügen, der die ATP-Herstellung ganz gezielt dem ATP-Bedarf anpasst.

Der Trick der Zellen ist genial: ATP selbst bremst in hohen Konzentrationen seine eigene Herstellung, indem es die Aktivität der Startenzyme von Glykolyse, Fettsäureoxidation und Zitronensäure-Zyklus vermindert:

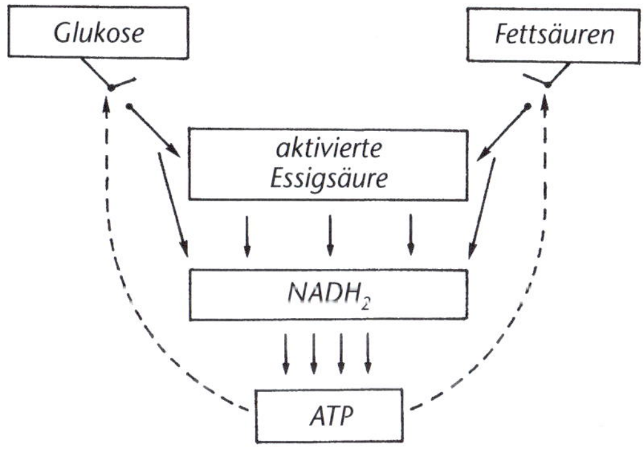

Abb. 45
Schematische Darstellung der Regulation der abbauenden Stoffwechselwege durch ATP

Aufgabe

A22 a) Welchen Effekt hat die Aktivitätshemmung der Startenzyme auf die abbauenden Stoffwechselwege?

b) Um welchen Typ von Enzymhemmung muss es sich notwendigerweise handeln?

B Aufbauende Stoffwechselprozesse

1. Einführung

Im vorhergehenden Abschnitt wurde erklärt, wie ein Lebewesen aus Nährstoffen wie z.B. Glukose (Traubenzucker) die für die Aufrechterhaltung der Lebensprozesse notwendige Energie freisetzt.
Um dies zu können, muss ein Organismus aber erst über die notwendigen Nährstoffe verfügen. Wie dies **Tiere** und auch der **Mensch** bewerkstelligen, ist auf den ersten Blick klar:

Sie nehmen bei der Nahrungsaufnahme energiereiche Nährstoffe auf, die sich in den pflanzlichen oder tierischen Produkten ihrer Mahlzeit befinden. Man sagt, sie ernähren sich **heterotroph***, d.h. von anderen Lebewesen.

Wie aber ernähren sich **Pflanzen**? Bei ihnen kann man in der Regel niemals so etwas wie Nahrungsaufnahme beobachten. Dennoch wachsen und gedeihen sie.
Bis ins frühe 17. Jahrhundert nahm man an, dass Pflanzen die für sie lebensnotwendigen Substanzen aus dem **Erdboden** beziehen. Diese Idee geriet ins Wanken durch ein einfaches **Experiment**, das der Brüsseler Arzt und Chemiker Jan van Helmont im Jahre 1635 begann.

Definition

Heterotrophie ist die Ernährungsweise von Organismen, die zum Leben organische Stoffe brauchen. Der Mensch und alle Tiere ernähren sich heterotroph.

Experiment

E01 Van Helmonts **Experiment:** Er pflanzte ein 2,5 kg schweres **Weidenbäumchen** in einen Kübel ein, in dem sich die genau abgewogene Menge von 100 kg sorgfältig getrockneter Erde befand. Die junge Weide wurde anschließend ausschließlich mit sauberem Regenwasser gegossen. Andere Stoffe konnten nicht in den Pflanztrog gelangen.

Nach fünf Jahren wog die Pflanze 84,5 kg, hatte also um 82 kg zugenommen. Im gleichen Zeitraum hatte das Gewicht der Erde im Kübel jedoch nur um 60 g abgenommen.

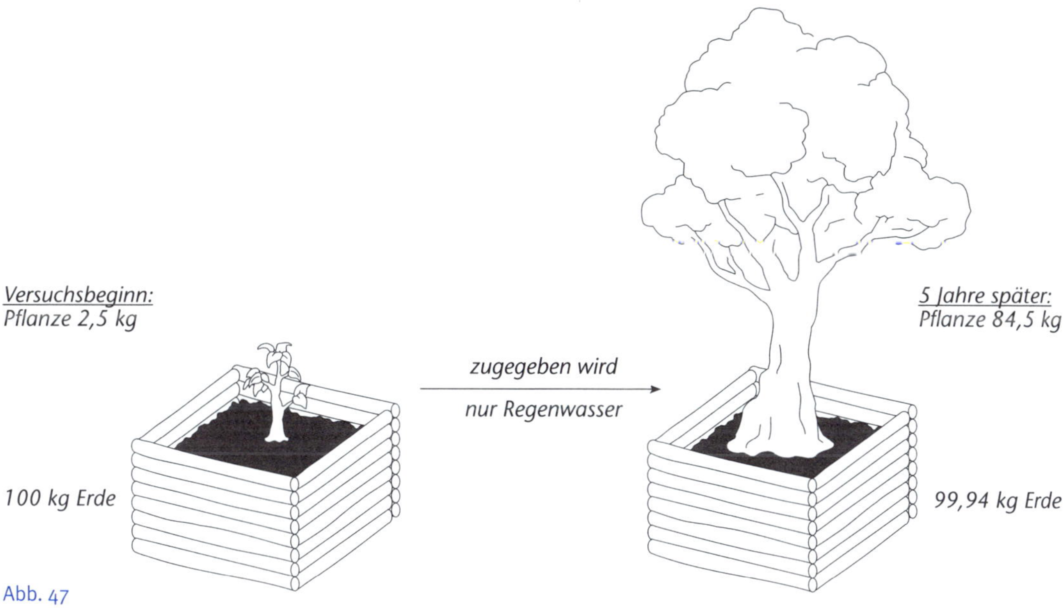

Abb. 47
VAN HELMONTS Experiment

VAN HELMONT zog den Schluss, dass die Gewichtszunahme ausschließlich auf das aufgenommene **Wasser** zurückzuführen war (abgesehen von den 60 g Stoffen aus dem Erdreich, die wir heutzutage als Mineralstoffe bezeichnen) und folgerte daraus, dass Pflanzen nur aus Wasser bestehen.

Diese Schlussfolgerung erwies sich als nicht korrekt. Wenn wir nämlich VAN HELMONTS Experiment wiederholen und die fünfjährige Weidenpflanze so behandeln, dass sie vollständig austrocknet, also vollkommen wasserfrei ist, dann stellen wir fest, dass sie immer noch etwa 15 kg wiegt.

Aufgabe

B01 Ermitteln Sie unter Verwendung der im Text gemachten Angaben die in der folgenden Tabelle genannten Daten und setzen Sie die errechneten Gewichte ein.

Gewichtszunahme in fünf Jahren	Anteil der Stoffe aus dem Erdreich (Mineralstoffe)	Anteil des Wassers an der Gewichtszunahme	Stoffe aus anderer Quelle

Wie wir sehen, befindet sich in der untersuchten Pflanze eine große Menge an Stoffen, die weder aus dem Erdreich noch aus dem Wasser stammen können. Die Nahrungsquelle für Pflanzen muss also eine andere sein.

2. Die Bedeutung der Fotosynthese für die belebte Natur

Abb. 48
Einfache Nahrungskette

Die Fotosynthese ist von fundamentaler Bedeutung für die gesamte belebte Natur. Die fotosynthetisch aktiven Pflanzen produzieren organische Substanz und bilden damit die Nahrungsgrundlage für die heterotrophen Organismen, die dieses Material konsumieren.

Produzenten* und **Konsumenten*** bilden eine **Nahrungskette**, an deren Anfang immer die autotrophen Pflanzen stehen.

Das Nahrungskettenschema stellt eine Vereinfachung der wirklichen Nahrungsbeziehungen dar. Ein Fuchs erbeutet ja neben Mäusen auch noch andere Tiere, wie etwa Kaninchen. Oder Mäuse können auch Greifvögeln oder Schlangen zum Opfer fallen, die wiederum noch andere Beutetiere erlegen.

So bilden die verschiedenen Nahrungsketten ein umfangreiches Geflecht von Nahrungsbeziehungen, und es ist sinnvoller, von **Nahrungsnetzen** zu sprechen.

Neben den Produzenten und Konsumenten existiert in jedem Lebensraum auch noch eine andere bedeutungsvolle Gruppe von Organismen. Diese **Destruenten***, wie z.B. **Würmer, Pilze** und **Bakterien,** ernähren sich von abgestorbenem organischem Material und zerlegen dabei die Nährstoffe in einfache anorganische Verbindungen. Diese können dann von den Produzenten wieder als Ausgangsmaterial zum Aufbau organischer Substanz verwendet werden. Insgesamt ergibt sich ein **Stoffkreislauf**.

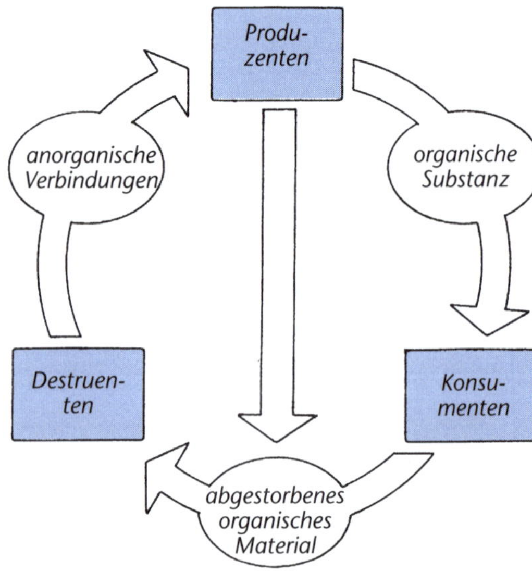

Abb. 49
Stoffkreislauf

Der entscheidende biochemische Prozess, der in den Produzenten – den alleinigen Erzeugern organischer Substanz – abläuft, ist die **Fotosynthese**.

In den weiteren Kapiteln werden alle wesentlichen Aspekte dieses für uns existenziell wichtigen Vorgangs erläutert.

Dabei ist es sinnvoll, an die historischen Experimente anzuknüpfen und mithilfe von einfachen Versuchen die einzelnen Faktoren und Substanzen nachzuweisen, die bei der Fotosynthese wichtig sind.

Aufgabe

B02 Überlegen Sie sich eine Nahrungskette, die sich auf einem Fensterbrett ergeben könnte.

3. Experimente zur Fotosynthese

3.1 Historische Experimente zur Ernährung der Pflanzen

Schon im Jahre 1771 führte der englische Naturforscher und Geistliche JOSEPH PRIESTLEY folgende Experimente durch. Wir beschränken uns hier auf die wesentlichen Daten.

Experiment

E02

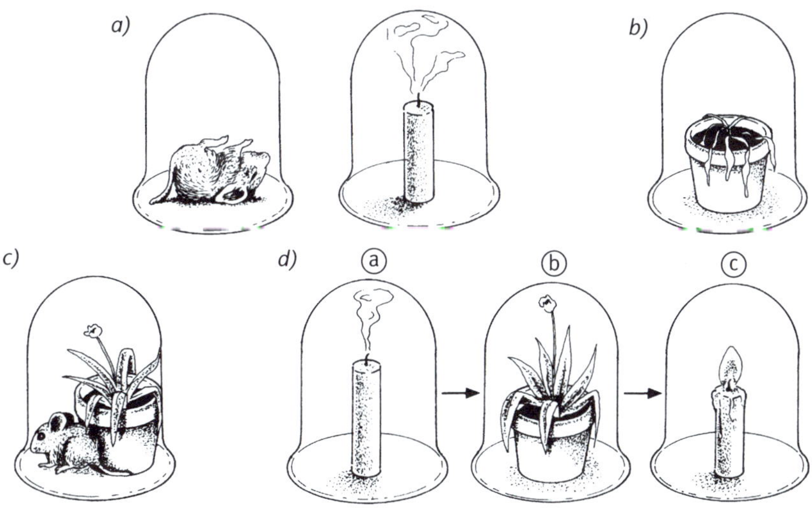

Abb. 50
a) – d) Experimente von PRIESTLEY

a) PRIESTLEY setzte eine Maus und eine Kerze in zwei getrennte luftdichte Glasgefäße. Die Maus starb, und die Kerze erlosch.

b) Eine in einem luftdichten Gefäß gehaltene Pflanze ging ebenfalls bald ein.

c) Befanden sich die Maus und Pflanze im selben luftdichten Glasgefäß, überlebten sie beide.

d) Brachte PRIESTLEY eine Pflanze in eine Luftmenge, in der eine Kerze erloschen war ⓐ, so gedieh die Pflanze ⓑ, und nach einer Weile konnte eine Kerze wieder gut in dieser Luft brennen ⓒ.

Aufgabe

B03 Welche **Schlussfolgerungen** konnte PRIESTLEY aus diesen Versuchen ziehen?

(Wenn jemand Lust verspürt, die oben beschriebenen Versuche selbst durchzuführen, dann sollte er sich nur auf diejenigen beschränken, bei denen keine Tiere zu Schaden kommen.)

Nach weiteren Experimenten Ende des 18. Jhdts. (JEAN SENEBIER, ANTOINE LAVOISIER) erkannte man als entscheidenden Anteil der „guten Luft" den **Sauerstoff** (O_2) und als den entscheidenden Anteil der „verbrauchten Luft" das **Kohlenstoffdioxid** (CO_2).

Darüber hinaus zeigte der niederländische Arzt Jan Ingenhousz, dass nur die **grünen Teile** der Pflanzen „gute Luft", also Sauerstoff, produzieren können und dass dazu immer **Licht** erforderlich ist. Heute weiß man, dass in diesen Teilen der grüne Farbstoff enthalten ist.

1804 wies dann der Schweizer Physiker und Botaniker NICOLAS DE SAUSSURE nach, dass die Pflanzen aus dem aufgenommenen Kohlenstoffdioxid **organische Substanz** herstellen und dass dabei auch **Wasser** (H_2O) notwendig ist.

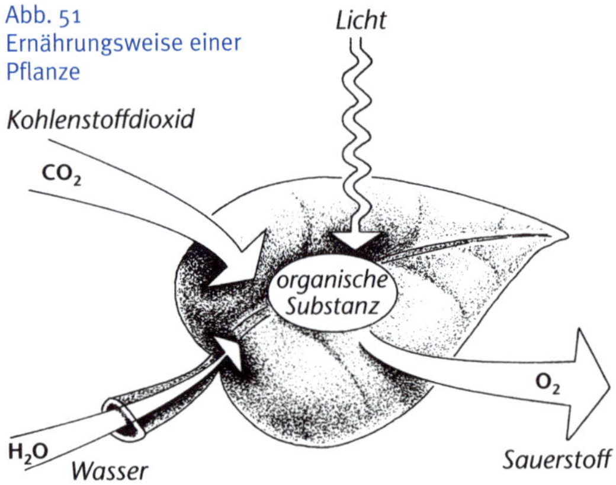

Abb. 51
Ernährungsweise einer Pflanze

Definition

Autotrophie* ist die Ernährungsweise der Pflanzen. Sie besteht darin, dass die Pflanzen aus energiearmen anorganischen Stoffen (Wasser, Kohlenstoffdioxid) energiereiche Nährstoffe synthetisieren, wobei Sauerstoff frei wird.

Weil zu diesem Vorgang Licht notwendig ist, bezeichnet man ihn als **Fotosynthese***.

Die Überführung der von den Pflanzen aufgenommenen anorganischen Stoffe in körpereigene organische Substanz unter Verbrauch von Energie wird auch als **Assimilation*** bezeichnet.

Aufgaben

B04 Fassen Sie die bei der Fotosynthese ablaufenden Vorgänge in einer Wortgleichung zusammen.

B05 Vegleichen Sie die prinzipiellen Ernährungsweisen von Pflanzen und Tieren.

3.2 Einfache Experimente zur Fotosynthese

Durch eine Reihe solcher Experimente soll nun das Wissen über die elementaren Fakten der Fotosynthese fester verankert werden. Dabei wollen wir uns eingehend mit den Experimenten beschäftigen und jeweils eine Deutung der Beobachtungen versuchen. Noch besser können Sie alles behalten, wenn Sie den einen oder anderen Versuch selbst durchführen. Dann können die angeführten Versuchsbeschreibungen auch als Leitfaden für das eigene experimentelle Arbeiten dienen.

Um die Experimente deuten zu können, sollten Sie drei **Nachweismethoden** aus dem Chemieunterricht kennen:

- **Die Glimmspanprobe:**
  Sauerstoff kann dadurch nachgewiesen werden, dass er einen glimmenden Holzspan zum Entflammen bringt.
- **Farbumschlag von Indigokarmin:**
  Dieser Farbstoff zeigt in sauerstofffreiem Wasser eine gelbliche Färbung. Bereits bei Spuren von Sauerstoff schlägt die Farbe um nach blau.
- **Iod-Stärke-Reaktion:**
  Mischt man farblose Stärkelösung und braune Iod-Iodkalium-Lösung miteinander, so tritt ein Farbumschlag auf; die Lösung nimmt eine charakteristische schwarzblaue Färbung an.

Versuch

V01 Ein im Dunkeln stehendes, wassergefülltes Glasgefäß, das eine **Wasserpflanze** enthält (z.B. Wasserpest = Elodea), wird durch einen **Scheinwerfer** angestrahlt. An der Pflanze entstehen zahlreiche **Gasblasen**, die emporsteigen.

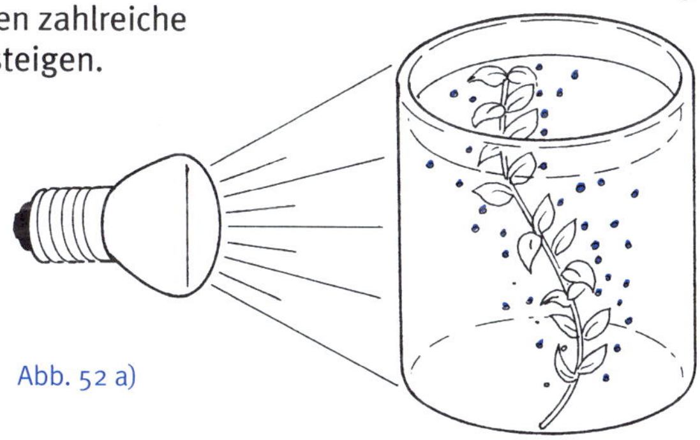

Abb. 52 a)

Wird das Licht ausgeschaltet, sodass das Glasgefäß wieder im Dunkeln steht, kommt die Gasproduktion sofort zum Erliegen.

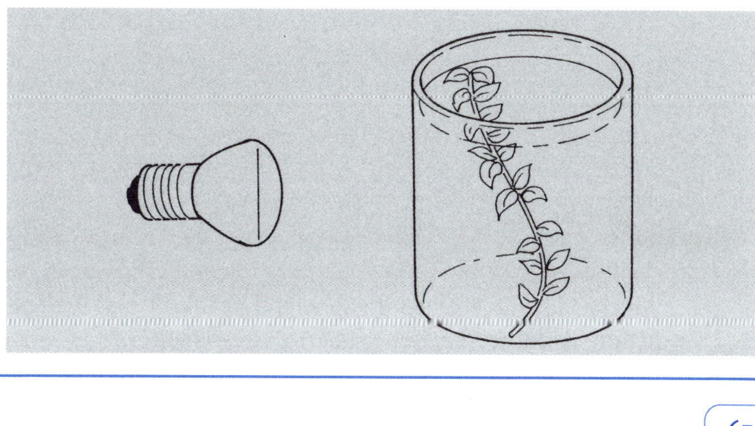

Abb. 52 b)

Versuch

V02 Stülpt man einen wassergefüllten Trichter über die beleuchtete Wasserpflanze, können die aufsteigenden Gasblasen aufgefangen werden. Nach einer Weile haben sie das Wasser aus dem Trichterhals verdrängt.

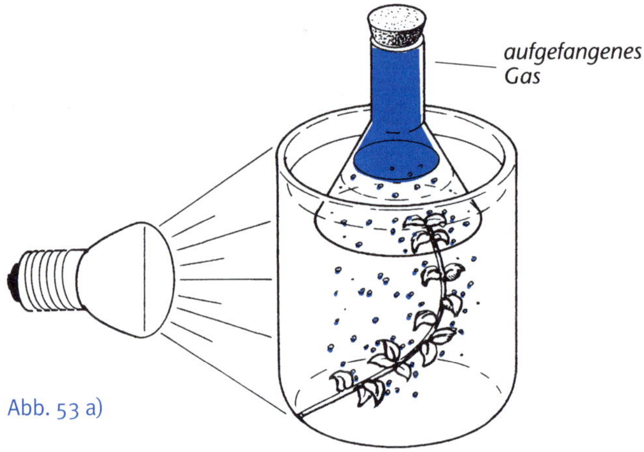

Abb. 53 a)

Entfernt man den Stöpsel im Trichterhals, so entweicht das aufgefangene Gas. Führt man einen glimmenden Holzspan in das ausströmende Gas, so beginnt er mit leuchtender Flamme zu brennen.

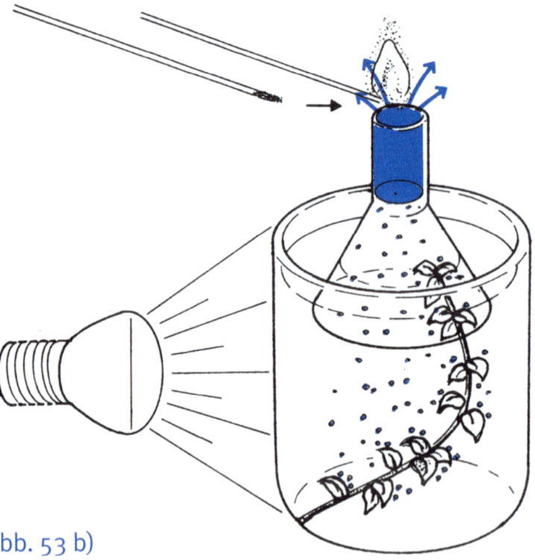

Abb. 53 b)

Aufgabe

B6 Welcher für die Fotosynthese wichtige Faktor und welcher wichtige Stoff wurden in den beiden Versuchen oben nachgewiesen?

Versuch

V03 Ein **Alpenveilchen**, dessen Wurzeln von der daran befindlichen Erde befreit wurden, wird vollständig in ein mit Leitungswasser gefülltes Glasgefäß getaucht. Das Wasser ist mit **Indigokarminlösung** versetzt und weist eine gelbliche Färbung auf. Nun wird die Pflanze mit einem **Scheinwerfer** angestrahlt.
Nach einer Weile sind ihre grünen Blätter von einer **Wolke blauen Farbstoffs** umgeben, während sich an den bräunlichen Wurzeln und an den roten Blüten keine Reaktion zeigt.

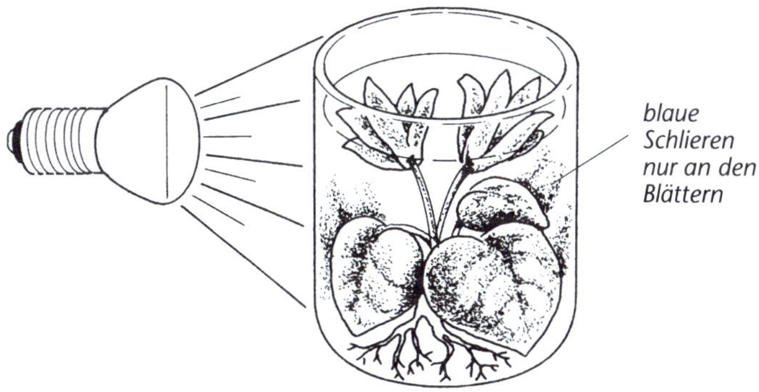

Abb. 54

Aufgabe

B07 Welcher für die Fotosynthese wichtige Faktor wurde im Versuch 03 nachgewiesen?

Versuch

V04 Versuch 03 wird wiederholt, jedoch wird das Alpenveilchen diesmal in zuvor abgekochtes und danach unter Luftabschluss gehaltenes Wasser eingetaucht. (Derart behandeltes Wasser ist frei von den sonst in ihm enthaltenen Gasen.)
Auch nach längerer Belichtung behält Indigokarmin seine gelbliche Färbung – selbst in unmittelbarer Umgebung der Blätter.

Aufgabe

B08 Welcher Faktor führt in diesem Fall dazu, dass es zu keiner Blaufärbung an den Blättern kommt, also offensichtlich keine Fotosynthese abläuft?

Versuch

V05 Man verdunkelt ein Blatt einer Pflanze, die längere Zeit im Dunkeln stand, teilweise mit einer **Schablone**. Anschließend wird dieses Blatt für einige Stunden mit Licht bestrahlt.

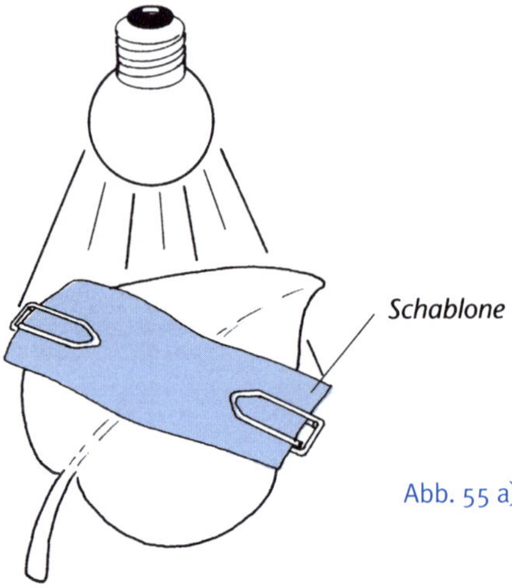

Abb. 55 a)

Danach entfernt man das Blatt von der Pflanze und löst die Blattfarbstoffe heraus (z.B. durch Einlegen des Blattes in Aceton). Das so vorbehandelte Blatt wird in eine Iod-Iodkalium-Lösung getaucht.
Nach einer Weile färben sich die zuvor belichteten Blattabschnitte schwarzblau.

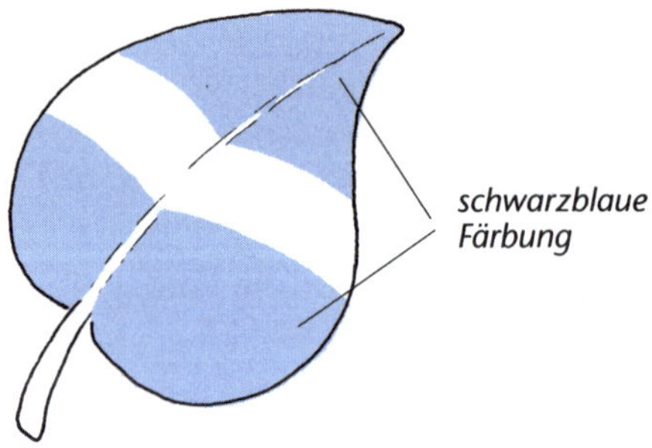

Abb. 55 b)

Aufgaben

B09 Was lässt sich aus diesem Versuch schließen?

B10 Tragen Sie nochmals die bei den Aufgaben B06 bis B09 gesammelten Daten zusammen und füllen Sie das folgende Schema damit aus.

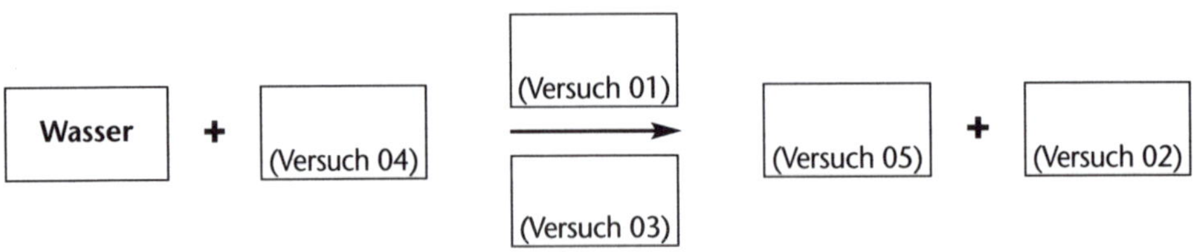

Aufgabe

B11 Manche Pflanze weist Blätter auf, die nicht gänzlich grün sind, da ein Teilbereich des Blattes frei von Blattgrün ist (**Panaschierung**).

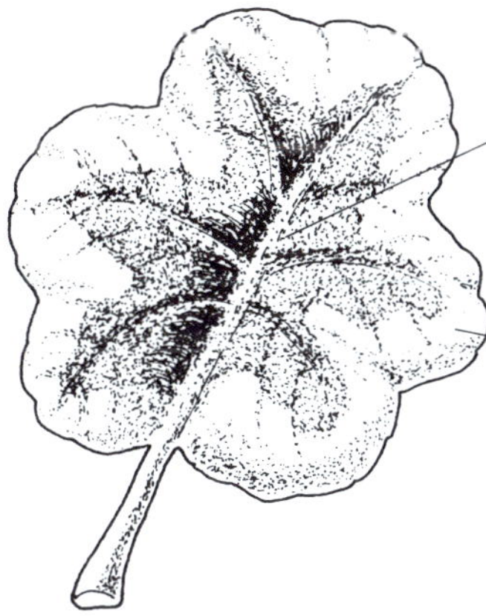

Abb. 56
Panaschiertes Blatt

In einem Versuch wird ein solches panaschiertes Blatt längere Zeit belichtet und nach Entfernung der Blattfarbstoffe mit Iod-Iodkalium-Lösung auf Stärke hin untersucht.

Welches Resultat ist hier zu erwarten?

3.3 Zusammenfassung

Pflanzen ernähren sich **autotroph,** d.h., sie stellen sich die benötigten energiereichen Nährstoffe aus energiearmen anorganischen Stoffen selbst her.

Weil zu diesem Vorgang **Licht** notwendig ist, bezeichnet man ihn als **Fotosynthese**.

In einfachen Versuchen wurden als Ausgangsstoffe **Wasser** und **Kohlenstoffdioxid** und als Produkte **Kohlenhydrate** und **Sauerstoff** ermittelt.
Zusätzlich wurde die Abhängigkeit der Fotosynthese vom Licht und vom Vorhandensein des **grünen Blattfarbstoffes** erkannt.

Als **Wortgleichung** der Fotosynthese ergibt sich:

!

$$\textbf{Wasser} + \textbf{Kohlenstoffdioxid} \xrightarrow[\text{Blattgrün}]{\text{Licht}} \textbf{Kohlenhydrat} + \textbf{Sauerstoff}$$

(z. B. Stärke)

Die fotosynthetisch aktiven Pflanzen produzieren **organische Substanz** und bilden damit die **Nahrungsgrundlage** für die **heterotrophen** Organismen – und damit auch für uns Menschen – , die dieses Material konsumieren.

4. Abhängigkeit der Fotosynthese von verschiedenen äußeren Faktoren

Im letzten Kapitel haben wir erkannt, dass die Fotosynthese abhängig ist vom Vorhandensein bestimmter äußerer Faktoren wie z.B. dem Licht.

Für das Verständnis des Fotosyntheseprozesses sind Untersuchungen wichtig, die sich mit dem Einfluss dieser Faktoren auf die Fotosyntheseleistung, d.h. auf die Intensität der Stoffproduktion, befassen.

Als **Maß** für die **Fotosyntheseleistung** dient die **Fotosyntheserate:**

> !
>
> $$\text{Fotosyntheserate} = \frac{\text{fotosynthetisch gebildete Endprodukte}}{\text{Zeiteinheit}}$$

Zur **Messung der Fotosyntheserate** wird entweder die O_2-Abgabe oder die CO_2-Aufnahme herangezogen. Da aber auch im fotosynthetisierenden Gewebe gleichzeitig abbauende Stoffwechselprozesse ablaufen, erfasst man mit diesen Methoden nicht die **reelle** Fotosynthese (auch Bruttofotosynthese genannt), sondern nur die **apparente***, d.h. sichtbare Fotosynthese (auch Nettofotosynthese genannt). Sie ergibt sich aus der Differenz von Bruttofotosynthese und Atmungsintensität:

> !
>
> Nettofotosyntheserate = Bruttofotosyntheserate minus Atmung

4.1 Abhängigkeit von der Temperatur

Der Einfluss der Temperatur auf die Fotosyntheseleistung ist ausführlich untersucht worden. Den Zusammenhang zwischen Fotosyntheserate und Temperatur bei starker Belichtung wollen wir in einem Diagramm darstellen *(Abb. 57)*:

① Die Nettofotosynthese nimmt mit steigender Temperatur zunächst exponentiell zu. Der Kurvenverlauf entspricht dabei den Verhältnissen, wie sie für **enzymgesteuerte Reaktionen** charakteristisch sind *(vgl. Kap. A.2.3.1)*.

② Die volle Fotosyntheseleistung wird nur in einem engen Temperaturbereich erzielt. Dieses **Optimum** liegt für die höheren Pflanzen in unseren geografischen Breiten zwischen 20 und 30°C.

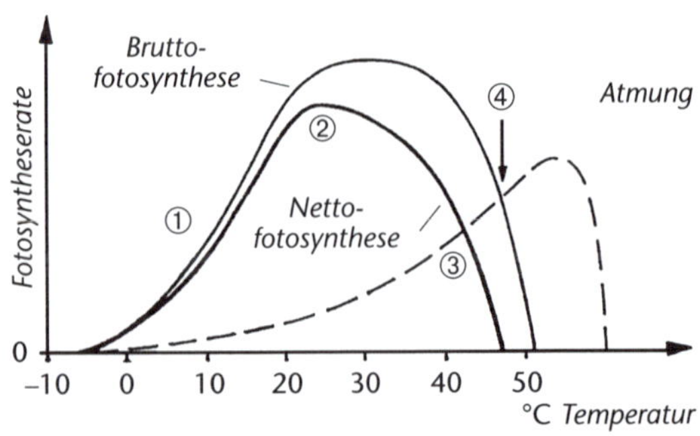

Abb. 57
Temperaturabhängigkeit der Fotosyntheseleistung

③ Bei höheren Temperaturen nimmt die Fotosyntheseleistung stark ab. Dafür sind **mehrere Ursachen** verantwortlich: Zum einen werden bei hohen Temperaturen die **Spaltöffnungen geschlossen,** um die Pflanzen vor dem Austrocknen zu schützen, wodurch sich die CO_2-Aufnahme verschlechtert. Bei sehr hohen Temperaturen kommt es zu Hemmungen der biochemischen Reaktionsabläufe durch die zunehmende **Eiweißdenaturierung.** Entscheidender ist jedoch die **Zunahme der Atmungsintensität** mit steigender Temperatur *(gestrichelte Kurve in Abb. 57).*

④ Da das Maximum der Bruttofotosynthese bei einer niedrigeren Temperatur liegt als das der Atmung, kommt es bei einer hohen Temperatur (über 40°C) zu einem Ausgleich. Bei diesem **Temperatur-Kompensationspunkt K_T** halten sich CO_2-Verbrauch durch die Fotosynthese und CO_2-Abgabe durch die Atmung die Waage. Die Nettofotosynthese wird 0, obwohl die Pflanze reell noch Fotosynthese betreibt.

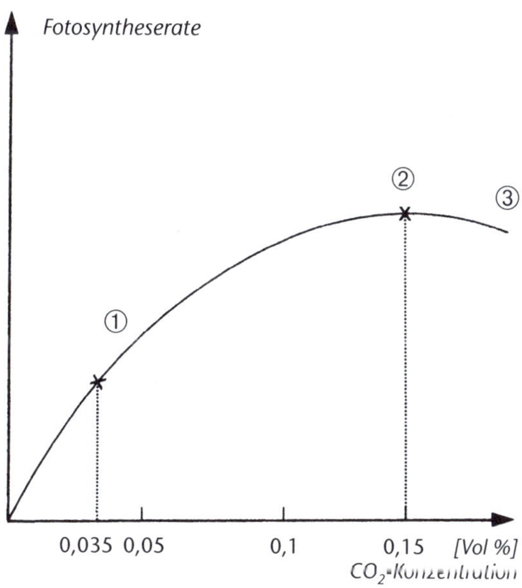

Abb. 58
CO_2-Abhängigkeit der Fotosyntheseleistung

Bei niedriger Lichtintensität herrschen andere Verhältnisse. Auf diesen wichtigen Punkt werden wir später näher eingehen *(vgl. Kap. B.5.2).*

4.2 Abhängigkeit von der Kohlenstoffdioxidkonzentration

Wie wir bereits wissen, ist Kohlenstoffdioxid (CO_2) neben dem Wasser (H_2O) das Ausgangsmaterial der Pflanzen zum Aufbau energiereicher Kohlenstoffverbindungen (Nährstoffe). Es liegt also auf der Hand zu vermuten, dass die Fotosyntheseleistung abhängig von der vorhandenen Konzentration dieses Stoffes ist.

Der Gehalt an Kohlenstoffdioxid in der normalen Luft beläuft sich auf etwa **0,035 Vol%** (Volumenprozent). Die Pflanzen sind unter natürlichen Bedingungen nicht starken Schwankungen, sondern immer annähernd der gleichen Menge an CO_2 ausgesetzt.

Unter Laborbedingungen kann man die CO_2-Konzentration variieren und den Einfluss dieser Veränderung auf die Fotosyntheseleistung bestimmen. Das Ergebnis ist wiederum in einem Diagramm dargestellt *(vgl. Abb. 58):*

① Fotosyntheserate steigt mit zunehmender CO_2-Konzentration an.

② Bei etwa 0,15 Vol% erreicht sie ein Maximum.

③ Noch höhere Werte lassen die Fotosyntheserate wieder sinken.

Die maximale Fotosyntheseleistung wird also bei einer CO_2-Konzentration erreicht, die fast fünfmal höher liegt als der natürliche Wert von 0,035 Vol%.
Die natürliche Kohlenstoffdioxidkonzentration stellt den **begrenzenden Faktor** der Fotosynthese dar. So können unter natürlichen Bedingungen für die Pflanzen oftmals optimale Lichtbedingungen und Temperaturverhältnisse herrschen, die CO_2-Konzentration liegt doch immer deutlich unter dem möglichen Optimum.

Aufgabe

B12 In Gewächshäusern arbeitet man teilweise mit zusätzlicher CO_2-Begasung. Erläutern Sie, welche Auswirkungen dies auf die Gewächshauspflanzen hat.

4.3 Abhängigkeit von der Lichtintensität

Erinnern wir uns zunächst zurück an den ***Elodea*-Versuch** *(vgl. Kap. B.3.2)*. Er zeigte, dass eine Pflanze erst dann Fotosynthese betreibt, wenn ihr Licht zur Verfügung steht (am Sauerstoffausstoß zu sehen). Unter den speziellen Bedingungen des Experiments war es entweder hell oder dunkel.

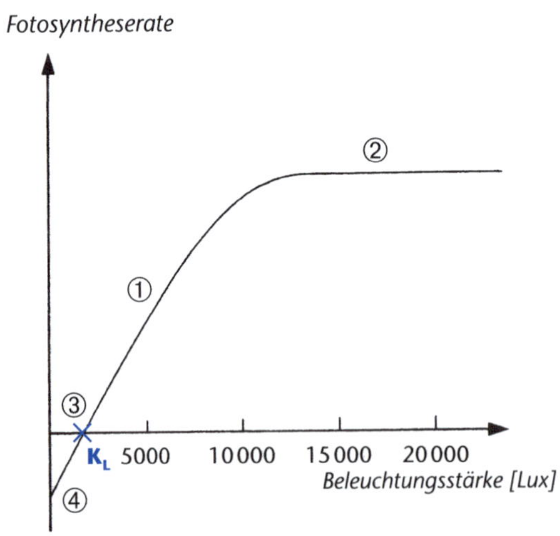

Abb. 59
Abhängigkeit der Fotosyntheseleistung von der Beleuchtungsstärke

In der freien Natur sind Pflanzen aber verschiedenen Helligkeitsabstufungen ausgesetzt. Wie sie auf verschiedene Lichtintensitäten reagieren, lässt sich wiederum in einem Diagramm darstellen *(vgl. Abb. 59)*:

① Zunächst steigt die Fotosyntheserate mit zunehmender Beleuchtungsstärke **proportional** an.

② Im weiteren Verlauf wird ein **Sättigungswert**, d.h. eine konstante maximale Fotosyntheserate, erreicht.

③ An der Kurve fällt auf, dass sie bei niedriger Lichtintensität die x-Achse schneidet. Dieser Schnittpunkt wird als **Lichtkompensationspunkt*** (K_L) bezeichnet. Hier halten sich CO_2-Verbrauch durch die Fotosynthese und CO_2-Produktion durch die Atmung die Waage (vgl. Kap. B.4.1).

Im Bereich der geringsten Lichtintensität ④ (Kurve unterhalb der x-Achse) erzeugt die Pflanze mehr CO_2 durch die Atmung, als sie gleichzeitig durch die Fotosynthese verbraucht.

Erst oberhalb des Kompensationspunktes überwiegt der CO_2-Verbrauch, und die Pflanze baut mehr organische Substanz auf, als sie gleichzeitig verbraucht.

Aufgabe

B13 Für das **Maiglöckchen** und den **Ackersenf** wurde die Fotosyntheseleistung in Abhängigkeit von der Lichtintensität experimentell ermittelt. Das Versuchsergebnis ist in dem Diagramm dargestellt.
Deuten Sie den unterschiedlichen Verlauf der beiden Kurven.

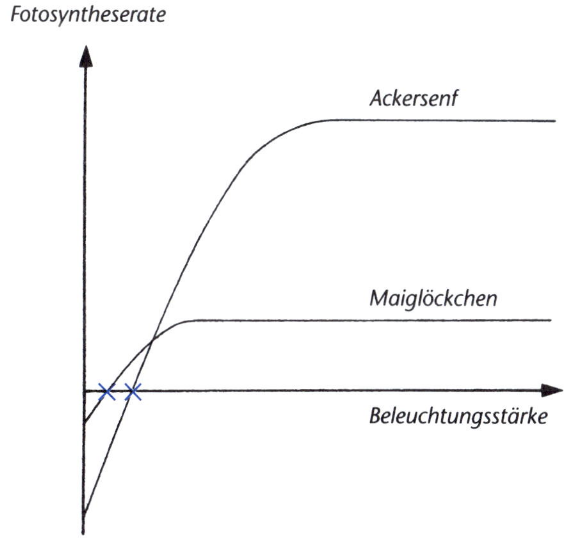

Abb. 60
Abhängigkeit der Fotosyntheseleistung von der Beleuchtungsstärke bei Maiglöckchen und Ackersenf

4.4 Abhängigkeit von der Lichtqualität

Bisher haben wir bei unseren Überlegungen nur die **Intensität** des Lichts berücksichtigt. Nun ist es aber eine alltägliche Erfahrung, dass wir, wenn wir Gegenstände betrachten, nicht nur eine Sinnesempfindung bezüglich ihrer Helligkeit haben. Fragen wir z.B. jemanden nach dem optischen Eindruck, den der Einband dieses Buches auf ihn macht, so wird er – zumindest als Normalsichtiger – wohl die orange Farbe eher ansprechen als die Helligkeitsstufe.
Bevor wir uns dem Einfluss der verschiedenen Lichtqualitäten auf die Fotosynthese zuwenden, wollen wir uns erst Klarheit verschaffen über die **Natur des Lichtes**.

Wenn weißes Licht (z.B. Sonnenlicht) durch ein **Prisma** dringt, wird es in ein regenbogenartiges **Spektrum*** verschiedener Farben zerlegt:

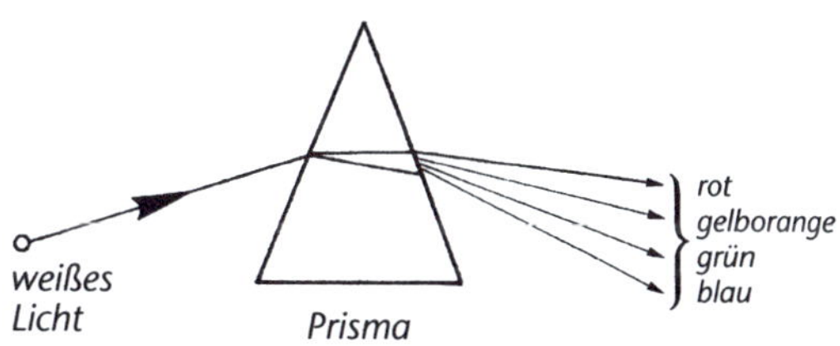

Abb. 61
Zerlegung des weißen Lichts in seine Farbanteile

Die **Farbigkeit** eines Gegenstandes hängt davon ab, wie stark er einzelne Farbanteile **absorbiert*** bzw. **reflektiert***.

Die von uns als verschiedene Farben empfundenen Lichtanteile unterscheiden sich physikalisch durch ihre **Wellenlängen**. Auf sie bezieht sich der Begriff der **Lichtqualität**. Der Zusammenhang wird aus folgender Grafik *(vgl. Abb. 62)* ersichtlich:

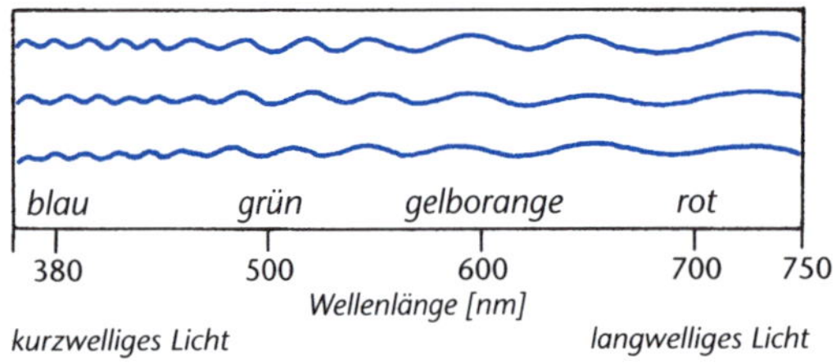

Abb. 62
Farbeindruck und Wellenlänge des Lichtes, schematisch

Bestrahlt man eine grüne Pflanze mit Licht einer bestimmten Wellenlänge, so kann man die Fotosyntheserate bestimmen. Stellt man grafisch dar, wie eine Pflanze hinsichtlich ihrer Fotosyntheserate auf die Bestrahlung mit Licht unterschiedlicher Wellenlänge reagiert, erhält man ein **Wirkungsspektrum** (**Aktionsspektrum**) der Fotosynthese *(vgl. Abb. 63)*.

Die unterschiedlichen Wellenlängen des Lichtes werden ganz unterschiedlich ausgenützt: Die intensivste Fotosynthese findet bei Bestrahlung mit Licht aus dem Blaubereich ① bzw. Rotbereich ② statt, während bei grünem Licht kaum Fotosynthese abläuft ③.

Die Fotosynthese ist an die **Chloroplasten** als Träger der Blattfarbstoffe gebunden *(vgl. Kap. B.5.1)*. Es lässt sich zeigen, dass einer der in ihnen enthaltenen Blattfarbstoffe – das **Chlorophyll a** – für die Verarbeitung des Lichts und damit für den charakteristischen Kurvenverlauf verantwortlich ist.

Für einen entsprechenden Versuch müssen die Blattfarbstoffe isoliert vorliegen. *(Ausführlichere Informationen zu ihrer Gewinnung in Kap. B.5.3.1.)*

Durchstrahlt man z.B. ein mit **Chlorophyll-a-Lösung** gefülltes Glasgefäß nacheinander mit Licht zweier verschiedener Wellenlängen ① und misst die Menge des durch die Lösung tretenden Lichtes ②, fällt auf, dass der Blattfarbstoff die beiden Lichtsorten unterschiedlich stark absorbiert.

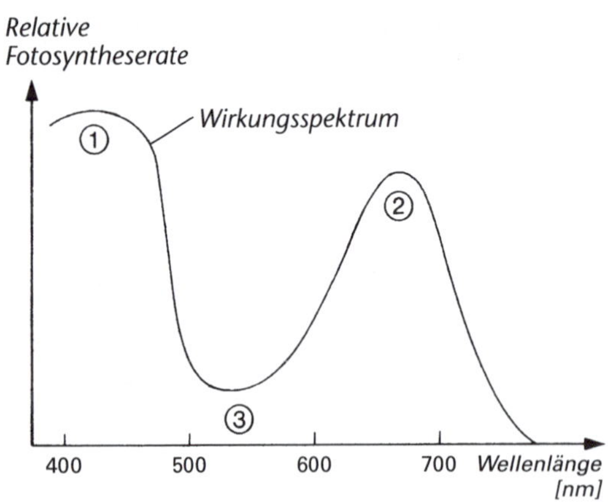

Abb. 63
Abhängigkeit der Fotosyntheseleistung von der Wellenlänge des Lichtes

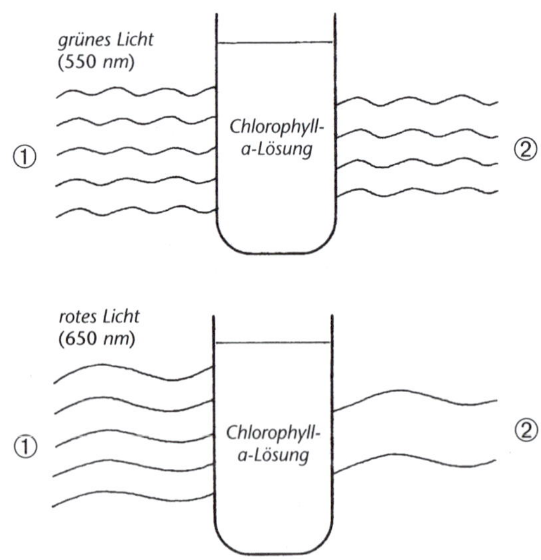

Abb. 64
Lichtabsorption durch Chlorophyll a

Führt man diese Messungen im gesamten Bereich des sichtbaren Lichtes aus und stellt das Ergebnis grafisch dar, so ergibt sich das folgende **Absorptionsspektrum**:

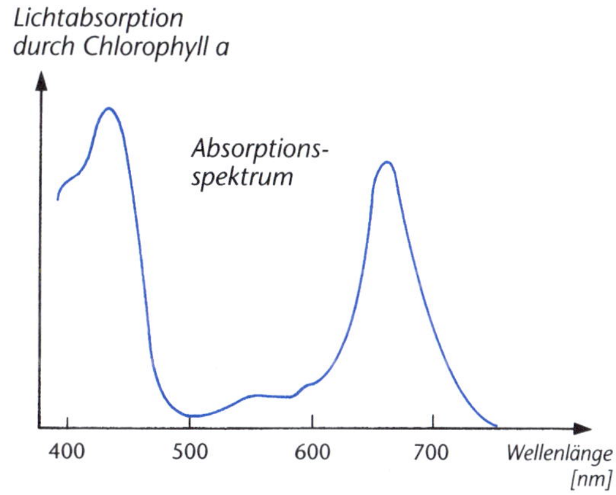

Abb. 65
Absorptionsspektrum von Chlorophyll a

Aufgaben

B14 Leiten Sie aus dem Absorptionsspektrum ab, warum Blätter grün aussehen. Zur Beantwortung müssen Sie auch Abbildung 62 zurate ziehen.

B15 a) Zeichnen Sie die beiden Graphen aus den Abbildungen 63 und 65 übereinander.

b) Interpretieren Sie das Ergebnis.

In dem zu Aufgabe B15 erstellten Diagramm fällt auf, dass im Bereich geringer Lichtabsorption (ca. 500–600 nm) durch Chlorophyll a die Fotosyntheserate etwas höher liegt, als es das Absorptionsspektrum vermuten ließe.

In diesem Bereich sind andere Pigmente wirksam, wie z.B. **Chlorophyll b, Carotine** oder **Xanthophylle** *(vgl. Kap. B.5.3.1)*.

Diese Blattfarbstoffe schließen die „Absorptionslücke" von Chlorophyll a, sorgen also dafür, dass auch Licht aus z.B. dem gelben Spektralbereich für die Fotosynthese verwendet werden kann.

Darum werden diese Blattfarbstoffe auch als **„akzessorische* Pigmente"** bezeichnet.

4.5 Zusammenfassung

Die **Fotosyntheseleistung** hängt von verschiedenen äußeren Faktoren ab:

- Mit steigender **Temperatur** nimmt die Fotosyntheserate zunächst entsprechend den für Enzymreaktionen charakteristischen Verhältnissen zu. Nach Erreichen eines **Optimums** nimmt sie – bedingt durch die Steigerung der Atmungsintensität, das Schließen der Spaltöffnungen und bei sehr hohen Temperaturen durch die Hemmung biochemischer Reaktionsabläufe – rasch ab.
- Mit zunehmender **CO_2-Konzentration** steigt die Fotosyntheserate bis zu einem Optimumwert von 0,15 Vol% CO_2 an, um dann wieder abzufallen.

Die natürliche CO_2-Konzentration in der Luft von 0,035 Vol% stellt unter normalen Bedingungen den **begrenzenden Faktor** der Fotosynthese dar.

- Mit steigender **Lichtintensität** steigt die Fotosyntheserate zunächst proportional an und erreicht im weiteren Verlauf einen **Sättigungswert**.
- Im **Lichtkompensationspunkt** halten sich der CO_2-Verbrauch durch die Fotosynthese und die CO_2-Produktion durch die Atmung die Waage. Oberhalb des Lichtkompensationspunktes baut die Pflanze mehr organische Substanz auf, als sie gleichzeitig verbraucht.
- Bezüglich der **Lichtqualität** zeigt sich, dass eine Pflanze Licht unterschiedlicher Wellenlängen unterschiedlich ausnützt.
  In den Spektralbereichen, in denen Chlorophyllmoleküle besonders viel Licht absorbieren, ist die Fotosyntheserate hoch. In den Bereichen, in denen sie wenig Licht absorbieren, ist die Fotosyntheserate gering.

5. Der Fotosynthesemechanismus

5.1 Der Bau eines Chloroplasten

Bevor wir uns mit den Reaktionsabläufen der Fotosynthese selbst befassen, wollen wir uns zunächst denjenigen Organellen zuwenden, die für den biochemischen Ablauf der Fotosyntheseprozesse die wichtigste Rolle spielen – den **Chloroplasten**.

Wie wir bereits aus dem Versuch mit dem Alpenveilchen und der Aufgabe mit den panaschierten Blättern *(vgl. Aufgabe B 11)* wissen, ist die Fotosynthese abhängig vom Vorhandensein des Blattgrüns. Die wissenschaftliche Bezeichnung für diese Substanz lautet **Chlorophyll***.

Aus Untersuchungen an Pflanzenzellen wissen wir, dass nur eine ganz bestimmte Sorte von Zellorganellen eine grüne Färbung aufweist, nämlich die für Pflanzenzellen charakteristischen **Chloroplasten**.
Da die Prozesse der Fotosynthese im Inneren der Chloroplasten ablaufen, wollen wir diese Zellorganellen noch genauer betrachten. Abbildung 66 zeigt eine elektronenmikroskopische Aufnahme, in der viele Einzelheiten des Aufbaus zu erkennen sind. Zur besseren Orientierung verwenden wir mit Abb. 67 eine schematische Darstellung, die einen Überblick über die wesentlichen **Komponenten** eines Chloroplasten gibt.

Den Außenabschluss eines Chloroplasten bildet eine **Doppelmembran** ①, durch die Ausgangsmaterialien der Fotosynthese eingeschleust bzw. deren Endprodukte ausgeschleust werden.
Das **Stroma*** ② stellt die farblose proteinhaltige Grundsubstanz der Plastiden dar.
In diesem Medium sind die **Thylakoidmembranen** eingelagert. Die **Thylakoide*** stellen ein reich verzweigtes, mit den Fotosynthesepigmenten besetztes **Membransystem** dar.

Man unterscheidet zwischen Thylakoiden, die die Grundsubstanz weiträumig durchlaufen, den **Stromathylakoiden** ③, und kürzeren Thylakoiden, die jeweils zu mehreren geldrollenartig übereinander liegen, den sogenannten **Granathylakoide** ④.
Der von solchen Membranen umschlossene Raum wird als **Thylakoidinnenraum** ⑤ bezeichnet.

Weitere Bestandteile sind **Stärkekörner** ⑥, **Plastiden-DNA** ⑦, **Ribosomen** ⑧ und **Fetttröpfchen** ⑨.

In den Bereichen ②, ③, ④, ⑤ (Stroma, Stroma- und Granathylakoide und Thylakoidin-

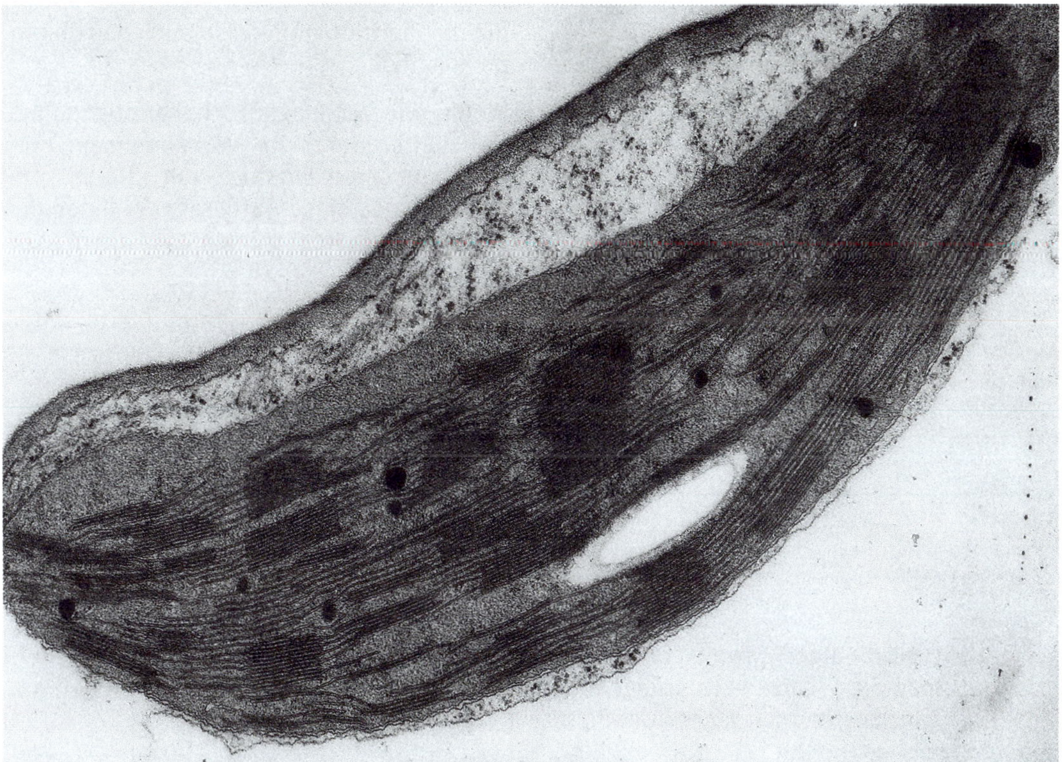

Abb. 66
Chloroplast, elektronenmikroskopische Aufnahme

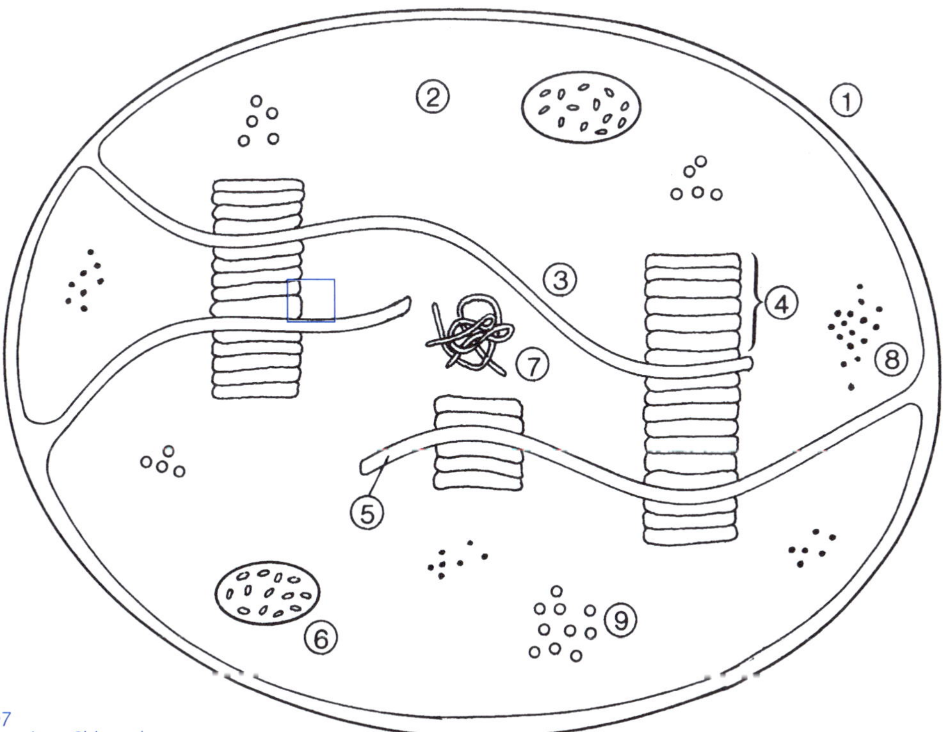

Abb. 67
Schema eines Chloroplasten

nenraum) laufen die biochemischen Prozesse der **Fotosynthese** ab, denen wir uns anschließend ausführlich zuwenden werden. Der durch das blaue Kästchen in Abbildung 67 markierte Abschnitt wird bei unseren Betrachtungen dann eine wichtige Rolle spielen.

Wie wir sehen, umgrenzt das Kästchen sowohl einen Abschnitt des Stromas als auch Teile der Thylakoidmembran. Diese Membran ist für uns deshalb so interessant, weil wir mit ihr die Struktur kennenlernen, die die Blattfarbstoffe, also auch das Chlorophyll enthält.

Wenn, wie wir eingangs behauptet haben, die Blätter durch ihr Vorhandensein oder Fehlen unseren Eindruck von „Natur" prägen, so ist es dieser Farbstoff, der ihnen den charakteristischen grünen „Anstrich" verleiht.

Bereits Ende des 19. Jahrhunderts untersuchte der Botaniker T. W. ENGELMANN an Grünalgen die Rolle der Chloroplasten.

Experiment

E08 Die **Grünalge** *Spirogyra* besitzt einen schraubenförmigen Chloroplasten. Belichtet man die Pflanze vollständig, so sammeln sich Sauerstoff liebende Bakterien an ganz bestimmten Stellen der Pflanze an:

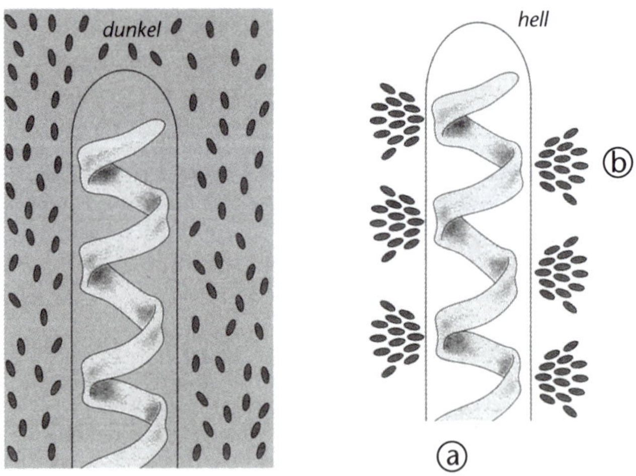

Abb. 68
Versuch von ENGELMANN
(a = schraubenförmiger Chloroplast, b = Sauerstoff liebende Bakterien)

Aufgaben

B16 Welcher Schluss ist aus diesem Experiment zu ziehen?

B17 Fertigen Sie eine beschriftete Skizze vom Bau eines Chloroplasten an.

5.2 Die beiden Teilprozesse der Fotosynthese

Wir wissen, dass bei der Fotosynthese das Kohlenstoffdioxid (CO_2) der Luft mithilfe von Wasser (H_2O) unter Verwendung der Lichtenergie in das Kohlenhydrat Stärke umgewandelt wird und dabei Sauerstoff (O_2) gebildet wird.

Ebenso ist uns bekannt, dass Stärkemoleküle aus Glukoseeinheiten ($C_6H_{12}O_6$) aufgebaut sind.

Wir können demnach vorläufig für die **Bildung eines Glukosemoleküls** in der Fotosynthese folgende Gleichung aufstellen:

$$6\,CO_2 + 6\,H_2O \xrightarrow[\text{Chlorophyll}]{\text{Licht}} C_6H_{12}O_6 + 6\,O_2$$

Die Umwandlung der Stoffe gemäß dieser Gleichung erfolgt in einem komplexen vielstufigen Prozess. Die Einzelheiten dieses Fotosynthesemechanismus wollen wir in diesem Kapitel beschreiben.

Dazu greifen wir zunächst zurück auf die **Temperaturabhängigkeit** der Fotosyntheseleistung, mit der wir uns im letzten Kapitel befasst haben *(vgl. Kap. B.4.1)*.

Bei der Auswertung des entsprechenden Diagramms *(vgl. Abb. 57)* konnten wir erkennen, dass der Kurvenverlauf genau den Verhältnissen entspricht, wie sie für enzymgesteuerte Reaktionen typisch sind.

Im Jahre 1905 führte der britische Pflanzenphysiologe Blackman Untersuchungen durch, die die Zusammenhänge, die zwischen Fotosyntheseleistung und Temperatur bestehen, noch genauer beleuchteten. Seine Ergebnisse lassen sich folgendermaßen darstellen:

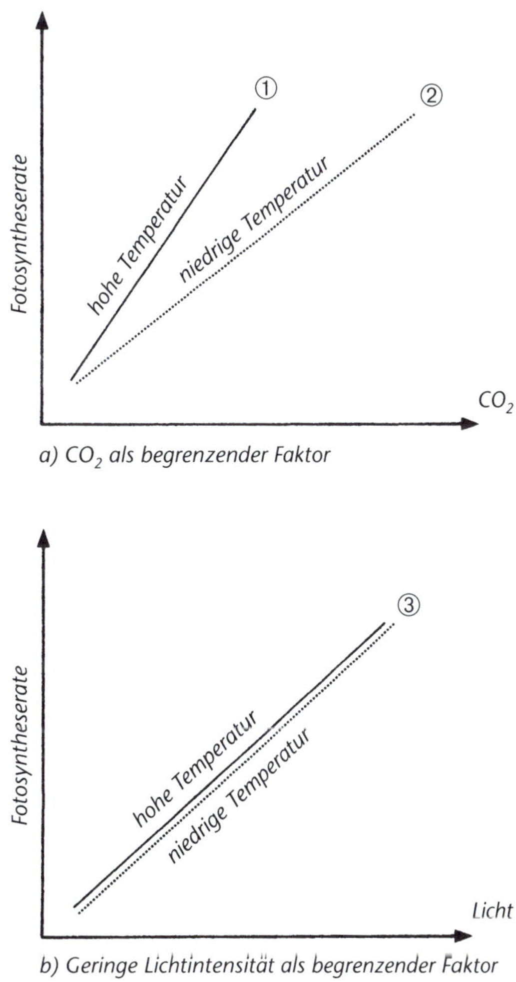

Abb. 69
Fotosyntheseleistung und Temperatur nach Blackman; a) bei Lichtüberschuss, b) bei CO_2-Überschuss

Diagramm a) zeigt die uns bereits bekannten Verhältnisse in abgewandelter Darstellung. Bei **Lichtüberschuss** ist die Fotosyntheseleistung temperaturabhängig. Sie nimmt bei höherer Temperatur schneller zu ① als bei niedriger Temperatur ②.

Diese Beziehung weist eindeutig auf die **Beteiligung von Enzymen** an der Fotosynthese hin.

Diagramm b) liefert uns eine neue Information. Bei CO_2-Überschuss und Licht als begrenzendem Faktor hat die Temperatur keinen Einfluss auf die Fotosyntheseleistung. Die beiden Temperaturkurven verlaufen identisch ③.

Diese Temperaturunabhängigkeit ist charakteristisch für **fotochemische Prozesse** (z.B. ist die Belichtungszeit eines Filmes sommers wie winters gleich).

Zusammenfassend lassen sich diese Ergebnisse so deuten:

Die **Fotosynthese** ist kein einheitlicher Prozess, sondern sie untergliedert sich in zwei unterschiedliche **Reaktionsbereiche:**

- die **fotochemischen Primärprozesse,** häufig auch als **Lichtreaktion(en)** bezeichnet;
- die **enzymatisch gesteuerten Sekundärprozesse,** häufig auch als **Dunkelreaktion(en)** bezeichnet.

In den Primärprozessen werden die Stoffe gebildet, die in den Sekundärprozessen verarbeitet werden.

Die für sämtliche autotrophen Organismen entscheidende Umwandlung von Kohlenstoffdioxid in energiereiche Kohlenhydrate läuft in den Sekundärprozessen ab. Wir wollen uns mit diesen zuerst befassen.

5.3 Die Sekundärprozesse

Die Aufklärung der einzelnen Vorgänge, die in der **Dunkelreaktion** ablaufen, gelang 1956 CALVIN und BENSON durch Untersuchungen der Fotosynthese zweier Grünalgenarten.

Dabei wurde den **Algen** als Ausgangsmaterial für die Fotosynthese Kohlenstoffdioxid angeboten, das das radioaktive Kohlenstoffisotop ^{14}C enthielt. Es kann durch **Autoradiografie** identifiziert werden. Hierbei wird von der Tatsache Gebrauch gemacht, dass radioaktive Substanzen durch ihre Strahlung spezielle Fotoplatten schwärzen können.

Die Algen nahmen den markierten Kohlenstoff auf und verwendeten ihn zum Aufbau von Kohlenhydraten. CALVIN unterbrach die dabei ablaufenden Reaktionen zu verschiedenen Zeitpunkten durch Abtöten der Algen in siedendem Alkohol. Danach isolierte er die in den Algen enthaltenen Stoffe, trennte sie **chromatografisch*** voneinander und identifizierte die radioaktiv markierten Substanzen durch Autoradiografie. *(Das Prinzip der Chromatografie wird in Kap. B.5.4.1 erläutert.)*

Je nach Dauer der Fotosynthese mit $^{14}CO_2$ waren verschieden viele Substanzen markiert.

Nach sehr kurzer Fotosynthesedauer war als erste Substanz **Glycerinsäure-3-Phosphat** markiert ⓐ .

Etwas später war der markierte Kohlenstoff auch im **Glycerinaldehyd-3-Phosphat** zu finden ⓑ.

Nach einiger Zeit konnten auch **Hexosen** nachgewiesen werden ⓒ.

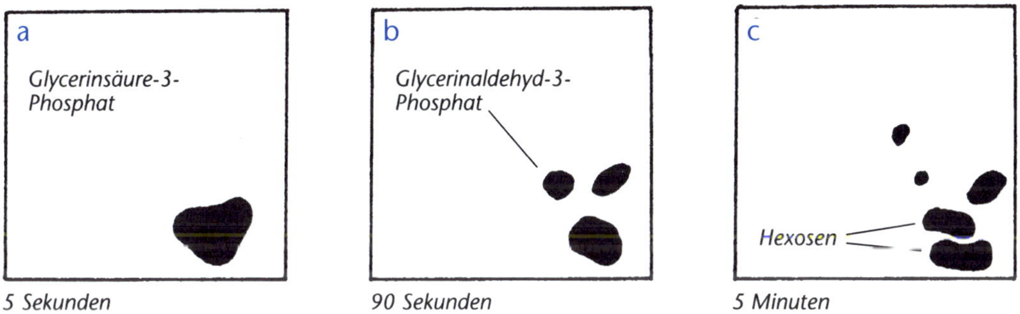

Abb. 70
Autoradiogramm der Fotosyntheseprodukte nach verschiedenen Zeiten

Da Glycerinsäure-3-Phosphat ein Molekül mit drei C-Atomen (C_3-Körper) ist, suchte man zunächst nach einem Molekül mit zwei C-Atomen, das nach Vereinigung mit CO_2 Glycerinsäure-3-Phosphat ergeben könnte.

Die Suche nach dem CO_2-Akzeptor-Molekül, wiederum in einem Experiment mit Grünalgen durchgeführt, brachte jedoch ein anderes Ergebnis.

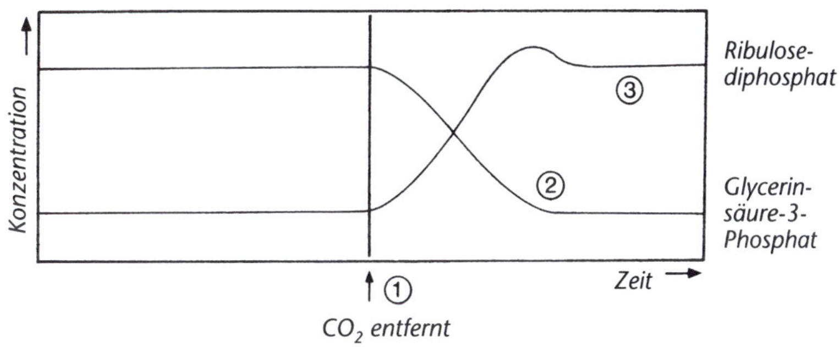

Abb. 71
Versuch zur Ermittlung des CO2-Akzeptors bei der Grünalge Scenedesmus

Bei laufender Fotosynthese hat die Unterbrechung der CO_2-Zufuhr ① das Absinken der Konzentration von Glycerinsäure-3-Phosphat zur Folge ② und gleichzeitig einen Anstieg von Ribulosediphosphat ③.

Daraus konnte man schließen, dass **Ribulosediphosphat** (ein C_5-Körper!) der CO_2-Akzeptor ist.

Aufgabe

D18 Begründen Sie die Schlussfolgerung, dass Ribulosediphosphat der CO_2 Akzeptor ist.

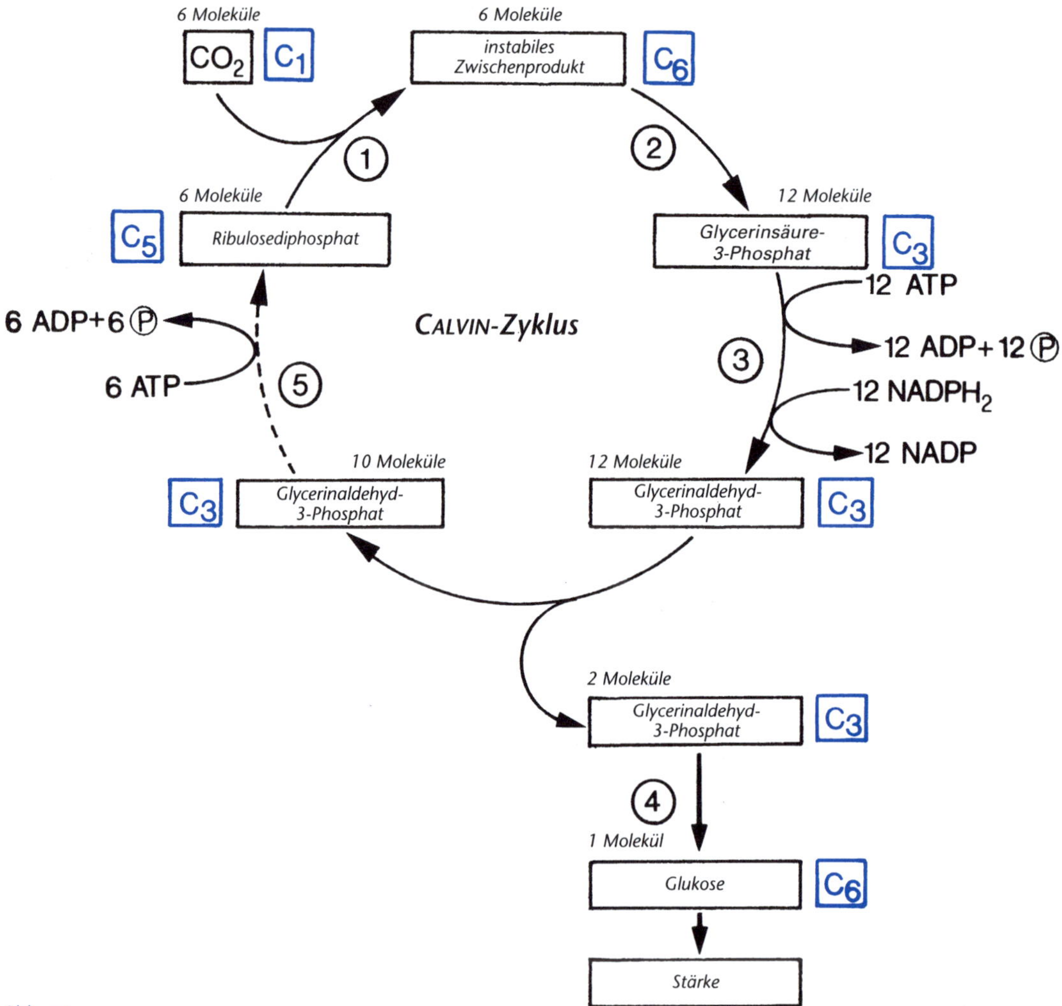

Abb. 72
Vereinfachte Darstellung des Calvin-Zyklus; Erläuterungen im Text

Insgesamt ergaben die Untersuchungen, dass die fotosynthetische CO_2-Fixierung und Kohlenhydratbildung in einem **Kreisprozess** abläuft. Dieser wird nach seinem Entdecker als **Calvin-Zyklus** bezeichnet *(vgl. Abb. 72)*. Calvin wurde 1961 für seine Entdeckungen mit dem Nobelpreis für Chemie ausgezeichnet.

① Sechs Moleküle **Kohlenstoffdioxid** werden von je einem **Akzeptormolekül** (Ribulosediphosphat) gebunden. Dabei entstehen sechs Moleküle eines instabilen Zwischenproduktes.

② Jedes dieser instabilen Teilchen zerfällt sofort in je zwei Moleküle **Glycerinsäure-3-Phosphat**. Diese Verbindung stellt das erste stabile Reaktionsprodukt der Kohlenstoffdioxidfixierung dar.

③ Dieser Abschnitt ist die wichtigste Phase des gesamten Zyklus, denn in ihr vollzieht sich die **Umwandlung** des Kohlenstoffdioxids in die energiereiche Stufe des **Kohlenhydrates**.

Um dies zu erreichen, werden zwölf Moleküle Glycerinsäure-3-Phosphat in einer Energie verbrauchenden Reaktionsfolge zu zwölf Molekülen **Glycerinaldehyd-3-Phosphat** reduziert.

Die zum Antrieb der Reaktionsfolge benötigte Energie wird durch Spaltung von zwölf Molekülen **ATP** zugeführt.

Die für die Reduktion benötigten Wasserstoffatome werden durch zwölf Moleküle **NADPH$_2$** bereitgestellt (nicht verwechseln mit NADH$_2$ vom abbauenden Stoffwechsel; NADP ist die Abkürzung für **N**icotinamid-**A**denin-**D**inukleotid-**P**hosphat).

④ Aus zwei der zwölf Glycerinaldehyd-3-Phosphat-Molekülen kann in weiteren Reaktionsfolgen ein Molekül **Glukose** aufgebaut werden.

⑤ In diesem Abschnitt werden die Akzeptormoleküle **regeneriert.** Dabei werden in einer komplizierten Aufeinanderfolge von Reaktionen aus den restlichen zehn Glycerinaldehyd-3-Phosphat-Molekülen sechs Moleküle **Ribulosediphosphat** rückgebildet.

Im Folgenden wollen wir nun **einzelne Phasen** des Calvin-Zyklus noch genauer erläutern.

Zunächst stellen wir die Abschnitte der CO_2-Fixierung und Kohlenhydratbildung (Schritte ① ② ③) mit Strukturformeln dar.

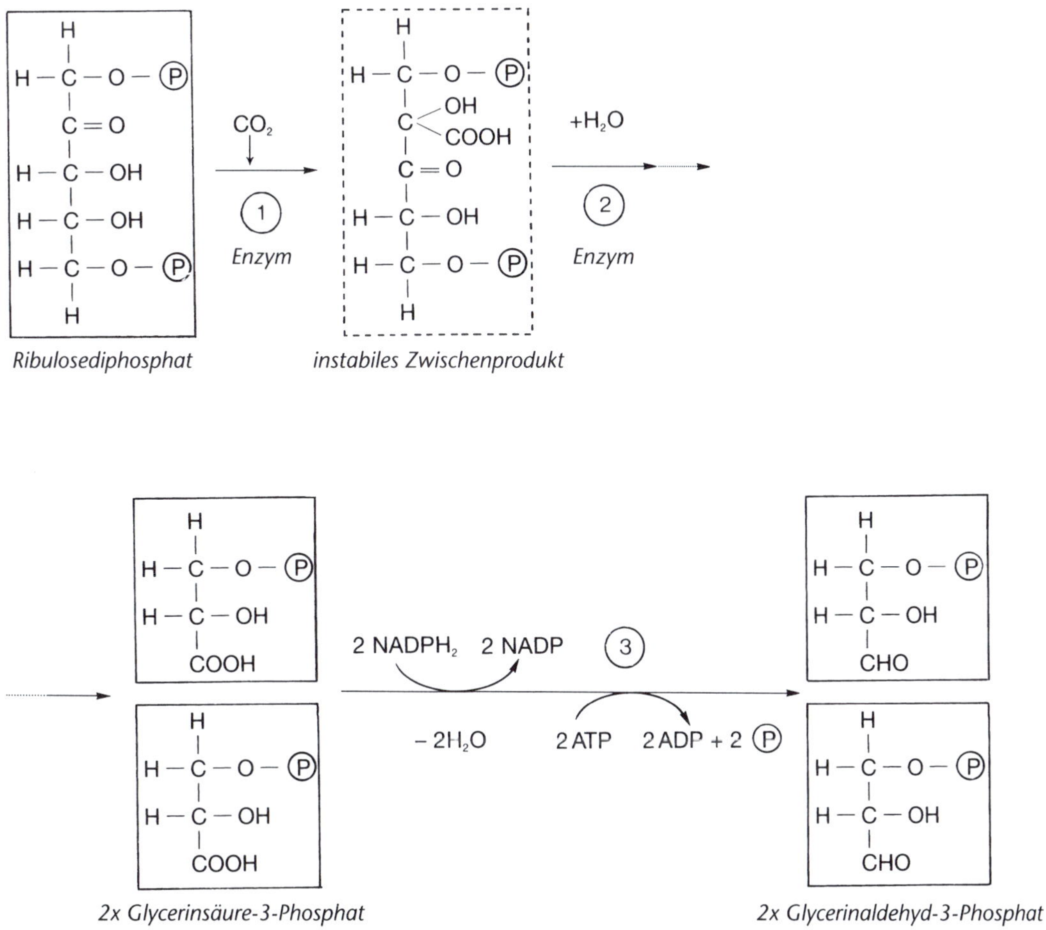

Abb. 73
Einzelne Phasen des Calvin-Zyklus

Die in Abbildung 72 nur angedeutete Regeneration des Ribulosediphosphats als CO_2-Akzeptor (Schritt ⑤) ist in Wirklichkeit ein höchst komplexer Vorgang. Das folgende Schema soll davon einen Eindruck vermitteln.

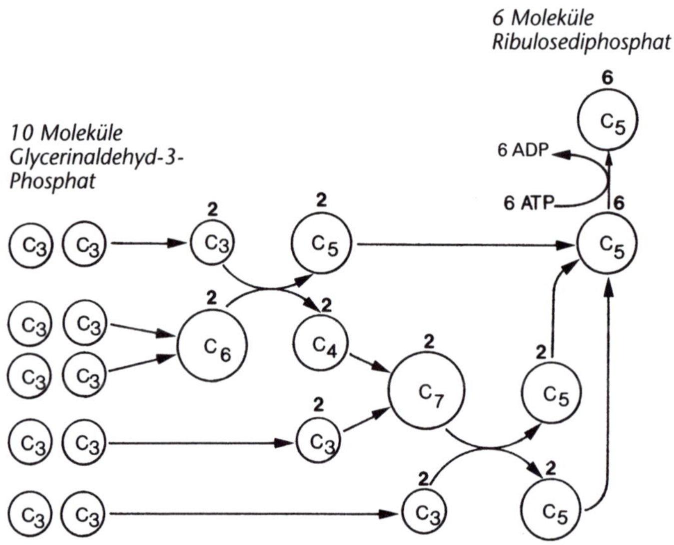

Abb. 74
Regeneration von Ribulosediphosphat

Aufgabe

B19 Ziehen Sie unter Verwendung des Schemas zum CALVIN-Zyklus (Abb. 72) die Bilanz für die Sekundärprozesse der Fotosynthese.

a) Drücken Sie diese Bilanz in Worten aus.

b) Stellen Sie für diese Bilanz eine chemische Gleichung auf.

5.4 Die Primärprozesse

Zu Beginn dieses Kapitels wollen wir erneut die uns bereits bekannte Reaktionsgleichung für die Fotosynthese betrachten.

$$6\ CO_2 + 6\ H_2O \xrightarrow[\text{Chlorophyll}]{\text{Licht}} C_6H_{12}O_6 + 6\ O_2$$

Aus dem Kapitel über die Sekundärprozesse wissen wir, wie die Bildung der Glukose aus Kohlenstoffdioxid erfolgt.

Die Herkunft des anderen Fotosyntheseproduktes, des Sauerstoffs, wurde 1941 von RUBEN und KAMEN aufgeklärt.

Sie verwendeten als Ausgangsmaterial für die Fotosynthese H_2O-Moleküle, in denen die normalen Sauerstoffatome ^{16}O durch das schwere Sauerstoffisotop ^{18}O ausgetauscht waren, und konnten den Weg dieser speziellen Sauerstoffatome in der Fotosynthese verfolgen.

Dabei ergab sich, dass die Sauerstoffatome, die in den gebildeten Sauerstoffmolekülen (O_2) auftraten, ausschließlich **aus dem Wasser** stammen.

Zur Bildung von 6 O_2-Molekülen benötigt man 12 O-Atome und demnach 12 H_2O-Moleküle. Die Reaktionsgleichung der Fotosynthese muss deshalb folgendermaßen ergänzt werden:

$$6\ CO_2 + 12\ H_2O \xrightarrow[\text{Chlorophyll}]{\text{Licht}} C_6H_{12}O_6 + 6\ O_2 + 6\ H_2O$$

Im Verlauf der Fotosynthese kommt es also zur **Spaltung von H_2O-Molekülen**. Die für diesen Vorgang notwendige Energie wird mithilfe von **Chlorophyll** aus dem Licht gewonnen.

Bevor wir uns dieser Reaktion sowie den anderen komplexen Geschehnissen in den Primärprozessen zuwenden, ist es deshalb angebracht, wenn wir uns zunächst eingehend mit den Blattfarbstoffen befassen.

Aufgabe

B20 Überlegen Sie, wie KAMEN und RUBEN die Herkunft des in der Glukose enthaltenen Sauerstoffs aus dem Kohlenstoffdioxid aufklären konnten.

5.4.1 Die Rolle der Blattfarbstoffe

Die Gewinnung der Blattfarbstoffe

Um die in den Thylakoidmembranen eines Chloroplasten enthaltenen Farbstoffe untersuchen zu können, muss man sie in reiner Form gewinnen. Dabei kann man beispielsweise so verfahren:

Versuch

Vo6 Man **zerkleinert** Blätter ① und legt die Stücke in eine **Reibschale.** Nach Zugabe von feinem **Quarzsand** und einem **Extraktionsmittel*** wie z.B. Methanol **zerreibt** man die Blätter gründlich ②. Dabei werden die Zellen des pflanzlichen Gewebes zerstört, und das Extraktionsmittel löst die Blattfarbstoffe aus den Chloroplasten heraus. Die grüne Lösung, die man dadurch erhält, wird durch **Filtration** zur weiteren Untersuchung von den restlichen Stoffen abgetrennt ③.

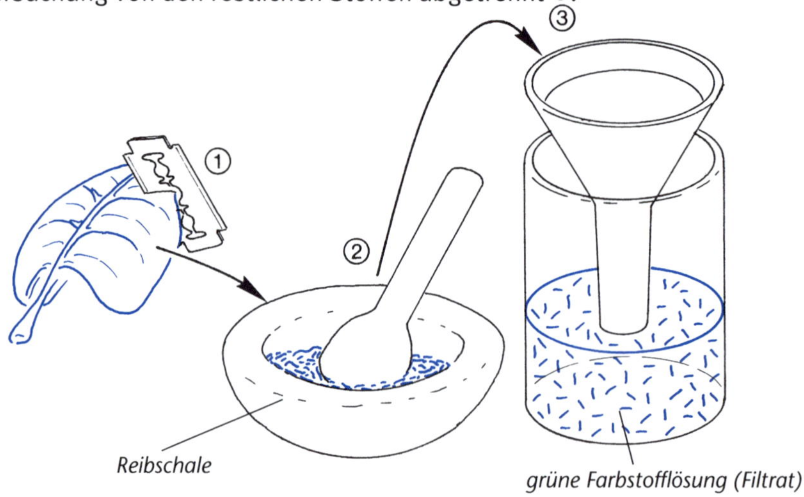

Abb. 75
Extraktion der Blattfarbstoffe

Die so gewonnene grüne Farbstofflösung wird einem **chromatografischen* Trennverfahren unterworfen.**

Dabei wird zunächst das Filtrat mit einer Glaskapillare aufgesogen, strichförmig auf ein Chromatografiepapier aufgetragen und dort angetrocknet. Dieser Vorgang wird so lange wiederholt, bis reichlich Farbstoff aufgetragen ist (Abb. 76 a).

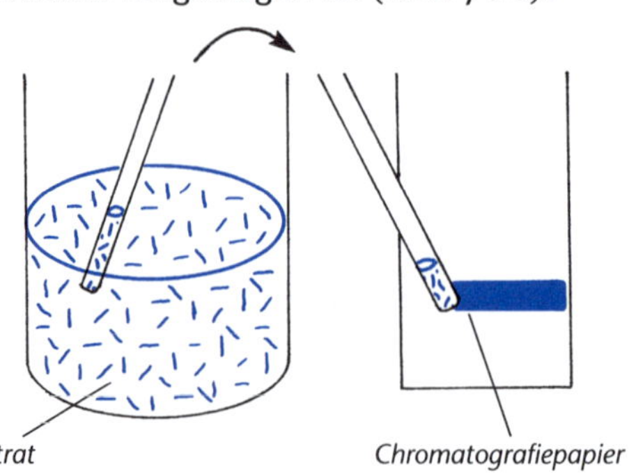

Abb. 76 a

Das Chromatografiepapier wird dann so in einen Glaszylinder gehängt, dass sein unterer Abschnitt in ein **Laufmittel** (z.B. ein Aceton/Benzin-Gemisch) hineinragt *(Abb. 76 b)*.

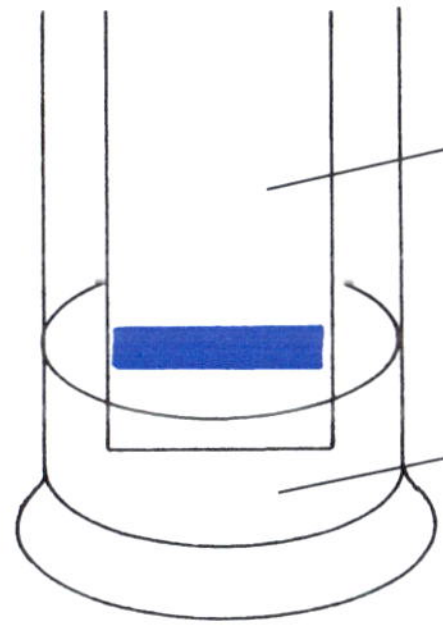

Abb. 76 b

Ähnlich wie bei einem Löschblatt, das im Wasser hängt, wandert das Laufmittel durch das Chromatografiepapier aufwärts. Die verschiedenen Bestandteile der Farbstofflösung unterscheiden sich hinsichtlich ihrer Löslichkeit im Laufmittel sowie ihrer Wechselwirkung mit dem Chromatografiepapier. Sie wandern deshalb mit verschiedenen Geschwindigkeiten und lagern sich an verschiedenen Stellen ab. Man erhält verschiedene **Farbstoffbanden** *(Abb. 76 c)*.

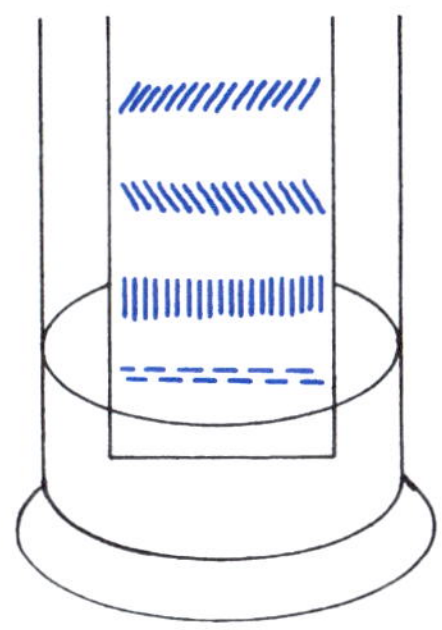

Abb. 76 c

Bei den ursprünglich aus den Thylakoidmembranen der Chloroplasten herausgelösten Farbstoffen handelt es sich – wie die Auftrennung zeigt – um vier verschiedene Substanzen, die sich in ihrer Färbung unterscheiden:

Chlorophyll a	(blaugrün)
Chlorophyll b	(gelbgrün)
Carotin	(orange)
Xantophyll	(gelb)

Die Reihenfolge der Farbstoffe hängt ab von den gewählten Versuchsbedingungen, wie z.B. von der Wahl des Laufmittels.

Wer Interesse hat, das Prinzip der chromatografischen Trennung der Blattfarbstoffe auf einfache Weise praktisch zu erproben, kann Aufgabe B21 bearbeiten.

Aufgabe

B21 Diese Aufgabe kann jeder durchführen, der sich, z.B. bei einem seiner Lehrer, die benötigten Materialien beschaffen kann.

Besorgen Sie sich Spinatblätter und gewinnen Sie gemäß der Anleitung zu Beginn dieses Abschnittes eine grüne Farbstofflösung. Als Extraktionsmittel können Sie Aceton verwenden (vgl. Versuch 9).

Seien Sie bei dem Versuch aber vorsichtig, denn Aceton ist leicht entzündlich und seine Dämpfe dürfen nicht direkt eingeatmet werden.

Füllen Sie ein kleines (Becher-)Glas bis zu einer Höhe von ca. 5 mm mit der erhaltenen Farbstofflösung auf und stellen Sie senkrecht ein Stück weiße Kreide hinein.

Welche Farbstoffbanden lassen sich nach ca. 10 Minuten beobachten?

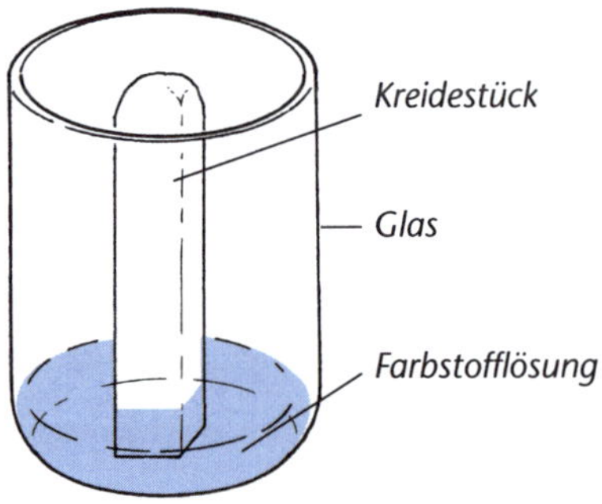

Abb. 77
Versuch zur Analyse von Blattfarbstoffen

Struktur und Eigenschaften der Blattfarbstoffe

Alle vier Blattfarbstoffe erfüllen beim Fotosynthesegeschehen eine Aufgabe. Die entscheidende Rolle kommt dabei den **Chlorophyllmolekülen** zu. Aus diesem Grund wollen wir deren **Struktur** näher betrachten.

Ein wichtiger Grundbaustein ist das **Pyroll**, ein ringförmiges stickstoffhaltiges Molekül:

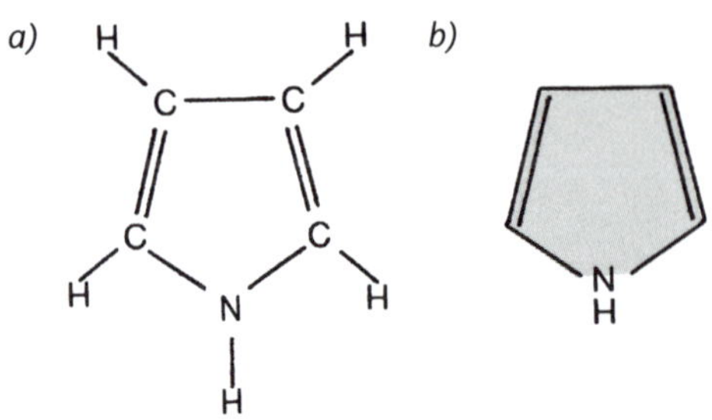

Abb. 78
a) Strukturformel von Pyroll; b) vereinfachtes Symbol

Vier dieser Pyrollmoleküle werden über **Methinbrücken** (–C=, vereinfacht ⩘) zu einem großen **Porphyrin-Ring** verknüpft:

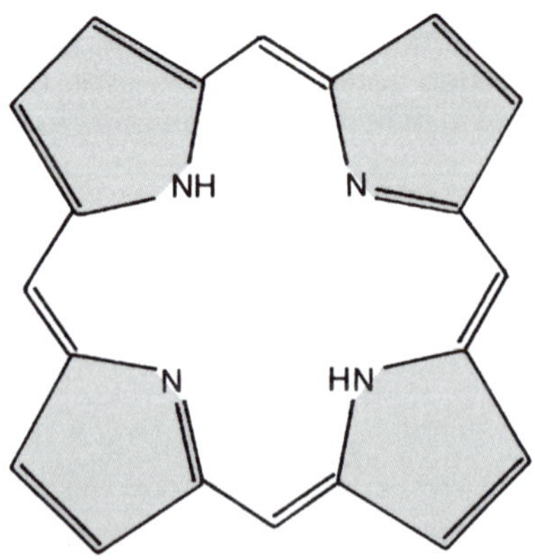

Abb. 79
Porphyrin-Ring

Das Porphyrin-Ringsystem bildet auch den zentralen Bestandteil einiger anderer biologisch wichtiger Substanzen, wie z.B. des roten Blutfarbstoffs Hämoglobin *(vgl. Kap. A.4)*.

Im Falle des Chlorophylls befindet sich im Zentrum dieses Porphyrin-Ringes ein **Magnesiumion** (Mg). Außerdem trägt das Ringsystem verschiedenartige Seitenketten. Für die Struktur des Chlorophylls ergibt sich:

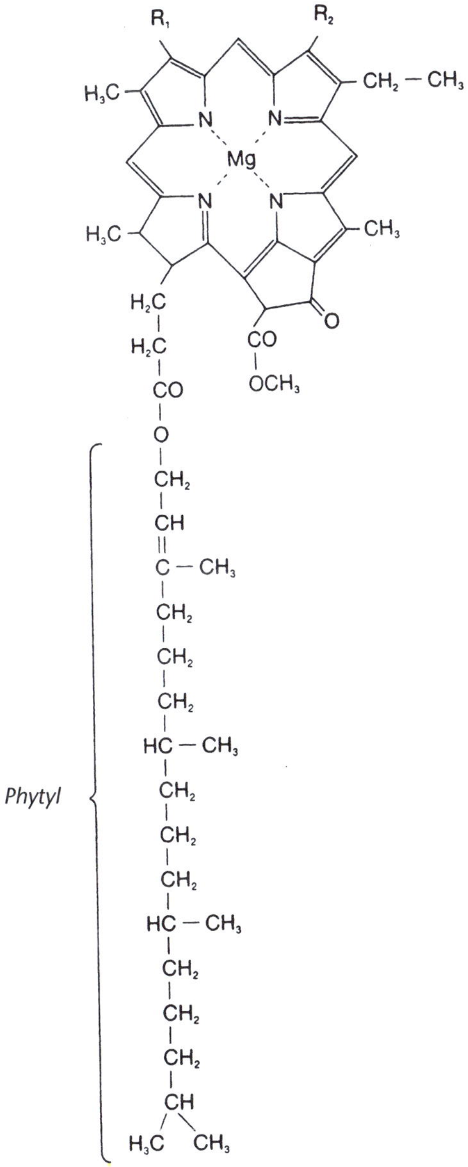

Abb. 80
Struktur des Chlorophylls

Der wichtigste Bestandteil des Chlorophyllmoleküls ist der Porphyrin-Ring mit dem zentralen Magnesiumion. In diesem Ring befindet sich nämlich ein **System konjugierter Doppelbindungen**. Davon spricht man, wenn sich Einfach- und Doppelbindungen regelmäßig abwechseln (Einfachbindung – Doppelbindung – Einfachbindung – Doppelbindung – usw.).

Eine solche Aufeinanderfolge von Bindungen ist gekennzeichnet durch besonders **leicht anregbare Elektronen**; man bezeichnet sie als **π-Elektronen**.

Beim Chlorophyll erfolgt die Anregung durch Aufnahme von Lichtenergie. Chlorophyll besitzt demzufolge die Fähigkeit zur **Lichtabsorption***.

Diese Fähigkeit ist von entscheidender Bedeutung für den Ablauf der Primärprozesse. Wir werden uns deshalb gleich noch eingehender damit befassen. Doch zuvor wollen wir die Struktur des Chlorophyllmoleküls weiter betrachten.

Auffallend ist sein ausgeprägter **Phytyl-„Schwanz“**. Diese lange Seitenkette besitzt einen stark lipophilen Charakter, während der Porphyrin-Ring hydrophile Eigenschaften zeigt. Dies ist für die **Anordnung** der Chlorophyllmoleküle in der Thylakoidmembran von ausschlaggebender Bedeutung; treten sie dort doch in **Wechselwirkung** mit verschiedenen anderen Molekülsorten.

Chlorophyll a und Chlorophyll b unterscheiden sich lediglich in der Struktur der Seitenkette R_2.

Eingehende Untersuchungen ergaben, dass sich in den Thylakoidmembranen eines Chloroplasten streng geordnete Ansammlungen von jeweils mehreren hundert Chlorophyllmolekülen befinden, die mit verschiedenen Proteinen zu komplexen Strukturen zusammengefügt sind.

Aufgaben

B22 Der Blattfarbstoff β-Carotin weist folgende Struktur auf:

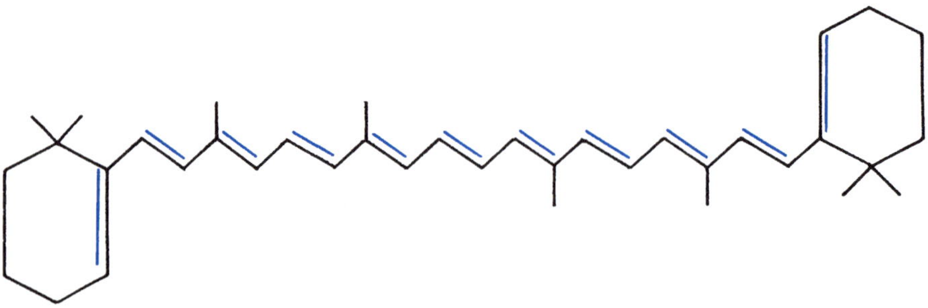

Abb. 81
Struktur von β-Carotin

Welche Fähigkeit besitzt β-Carotin aufgrund seiner Elektronenverteilung?

B23 Rekapitulieren Sie den Bau der Biomembran (z.B. aus der mentor Abiturhilfe Zellbiologie), überlegen Sie sich die mögliche Anordnung der Chlorophyll- und Carotinmoleküle in ihr, und skizzieren Sie eine Abbildung.

Aufnahme von Lichtenergie

Die leicht anregbaren þ-Elektronen eines Chlorophyllmoleküls können durch Anregung mit Lichtenergie in einen **energetisch höherwertigen Zustand** (π^*) gebracht werden:

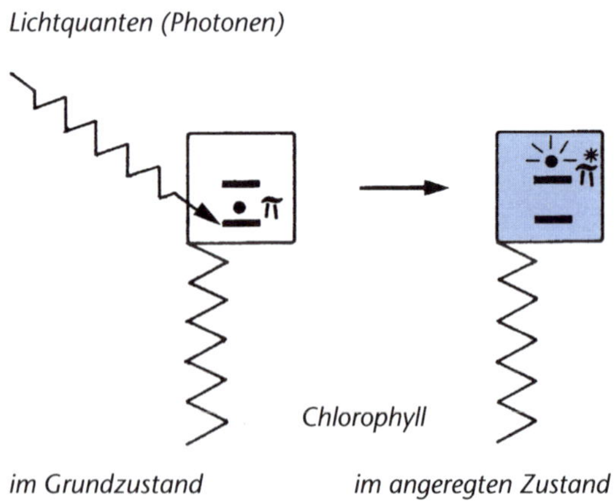

Abb. 82
Anregung der þ-Elektronen durch Licht

Ein derart angeregtes Chlorophyllmolekül kann auf dreierlei Weise in den **Grundzustand** zurückkehren:

a) In einem **isolierten** Chlorophyllmolekül kann das angeregte Elektron in den Grundzustand zurückkehren. Dabei wird Energie frei, die in Form von **Wärmestrahlung** oder langwelliger **Lichtstrahlung** (Fluoreszenz des Chlorophylls) abgegeben wird.

b) Die **Energie** eines angeregten Chlorophyllmoleküls (nicht sein Elektron!) kann durch **Resonanzvorgänge** auf ein **benachbartes** Chlorophyllmolekül übertragen werden.

c) Das angeregte „energiereiche“ Elektron des Chlorophylls selbst wird auf ein benachbartes Molekül, einen **Elektronenakzeptor***, übertragen ①.
Den Grundzustand erreicht das Chlorophyllmolekül, indem es von einem anderen benachbarten Molekül, einem **Elektronendonator***, ein Elektron übernimmt ②.

a)

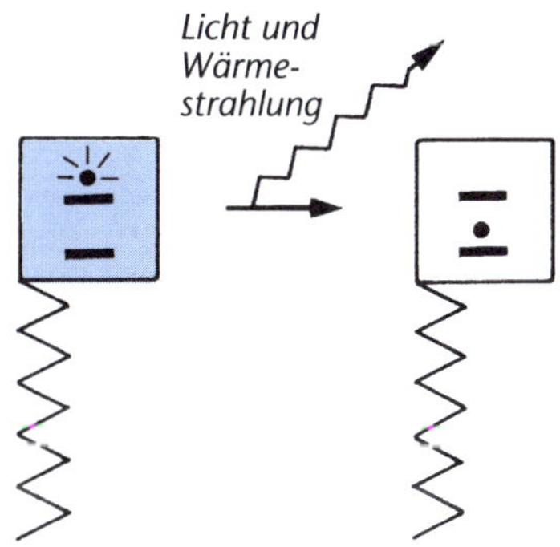

b)

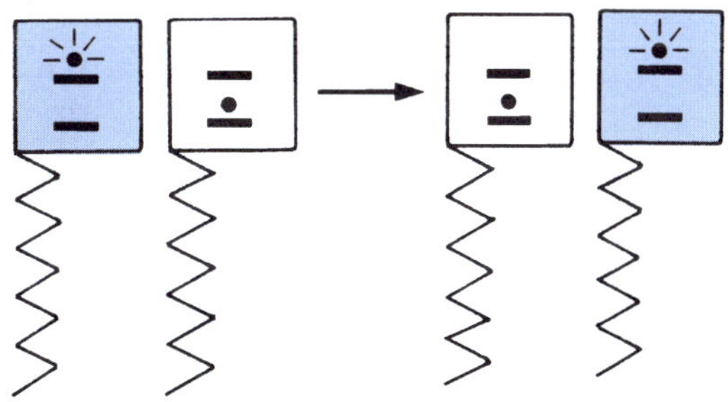

c)

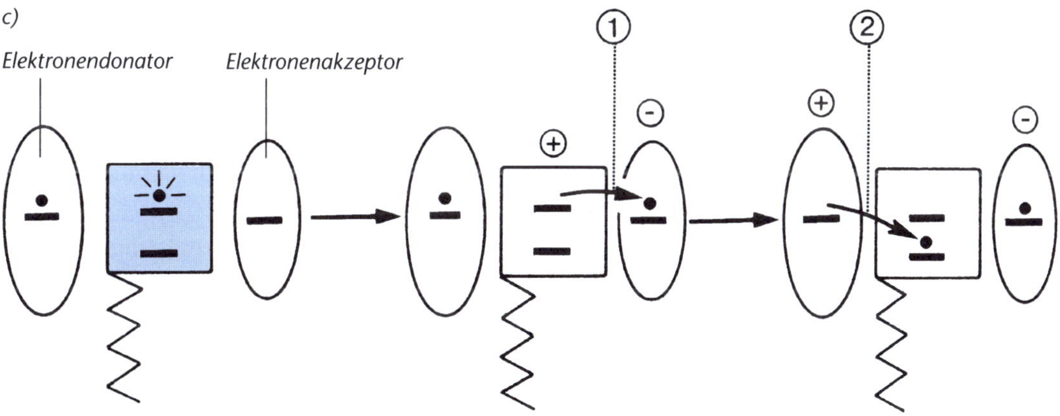

Abb. 83 a) b) c)
Verschiedene Möglichkeiten der Rückkehr eines angeregten Chlorophyllmoleküls in seinen energetischen Grundzustand; Erläuterungen im Text

Die beiden Vorgänge b und c spielen eine wichtige Rolle in der **Lichtreaktion** der Fotosynthese.

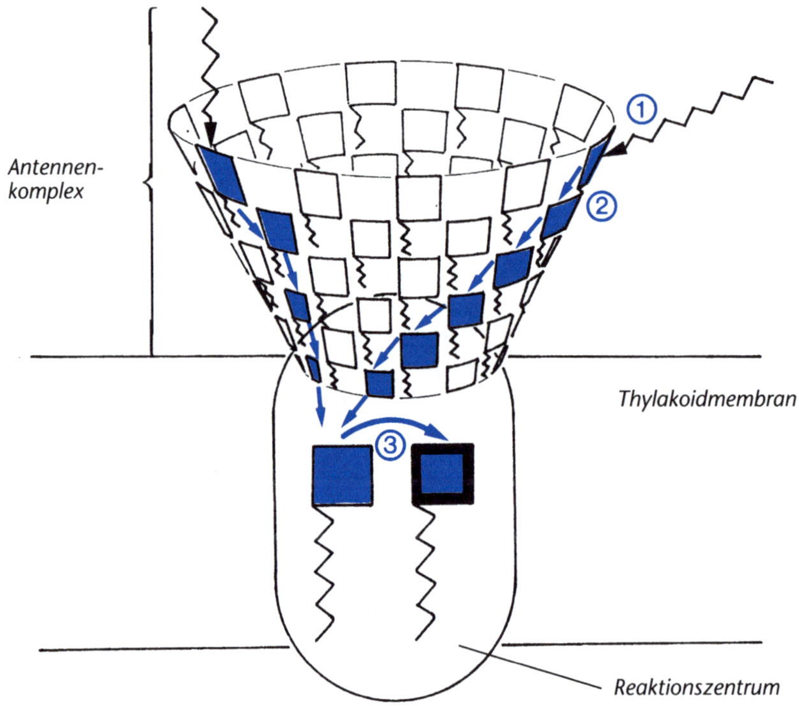

Abb. 84
Anordnung und Zusammenspiel der Chlorophyllmoleküle in und an der Thylakoidmembran

Sogenannte **Fotosysteme** übernehmen dabei das Einfangen der Lichtenergie, die für den Antrieb aller soeben beschriebenen Vorgänge notwendig ist. Die Fotosysteme sind Bestandteil eines hochgeordneten **Membrankomplexes**, an dessen Aufbau auch zahlreiche Chlorophyllmoleküle beteiligt sind. Diese sind in und an der Thylakoidmembran zu **Lichtsammelfallen**, die auch als **Antennenkomplexe** bezeichnet werden, zusammengefasst bzw. am Aufbau der Reaktionszentren beteiligt.

Werden die Chlorophyll-a- und Chlorophyll-b-Moleküle im **Antennenkomplex** durch Lichtenergie angeregt ①, so geben sie diese Energie durch **Resonanzvorgänge** an benachbarte Chlorophyllmoleküle weiter ②.

Die Weitergabe erfolgt in Richtung auf ein bestimmtes Chlorophyll-a-Molekül im **Reaktionszentrum** ③.

Wird dieses Molekül angeregt, vollzieht sich das entscheidende fotochemische Ereignis: Es kommt zur **Weitergabe** des angeregten „energiereichen“ Elektrons auf ein nachgeschaltetes System (Elektronenakzeptor).

Die auftretende Elektronenlücke im Chlorophyllmolekül wird durch **Übernahme** eines Elektrons von einem vorgeschalteten System (Elektronendonator) geschlossen.

Damit kommen chemische Prozesse in Gang, die letztlich zur Bildung von ATP und $NADPH_2$ führen, also denjenigen Substanzen, die für die **Sekundärprozesse** benötigt werden.

5.4.2 Der Elektronentransport

Bevor wir den fotochemischen Elektronentransport genauer betrachten, wenden wir uns einem Versuch von EMERSON zu, den er 1957 an Grünalgen durchführte, um Hinweise auf die Abläufe in den Primärreaktionen zu gewinnen.

Versuch

V07

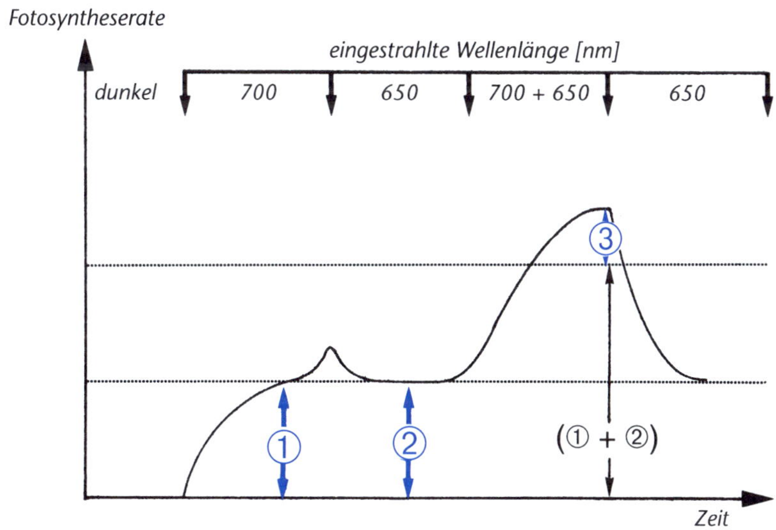

Abb. 85
EMERSON-Effekt bei Chlorella

Bei diesem Experiment wurde die Grünalgenart Chlorella nacheinander mit Lichtstrahlen unterschiedlicher Wellenlänge bestrahlt. Dabei wurde der Einfluss auf die Fotosyntheserate gemessen (① und ②).
Dann wurden die beiden Lichtsorten **gleichzeitig** eingestrahlt. Die Fotosynthese nahm über die reine Addition hinaus zu (③).
Dieses Phänomen interpretierte EMERSON als Beweis für das **Zusammenwirken zweier Fotosysteme** in den Primärprozessen.

Als besonders günstig für die Darstellung des fotochemischen Elektronentransports und das Zusammenwirken der beiden Fotosysteme hat sich das sogenannte **„Zick-Zack-Schema“**, kurz: „Z-Schema“, erwiesen. Dabei sind die in den Reaktionen aufeinanderfolgenden Systeme so gezeichnet, dass ihre Höhe ein **Maß** ist für das jeweilige **Redoxpotenzial**, d.h. die Bereitschaft zur Elektronenaufnahme bzw. -abgabe.
Die Darstellung gibt allerdings keine Auskunft über die räumliche Lage der Systeme in der Thylakoidmembran; es handelt sich lediglich um ein **Reaktionsmodell**.

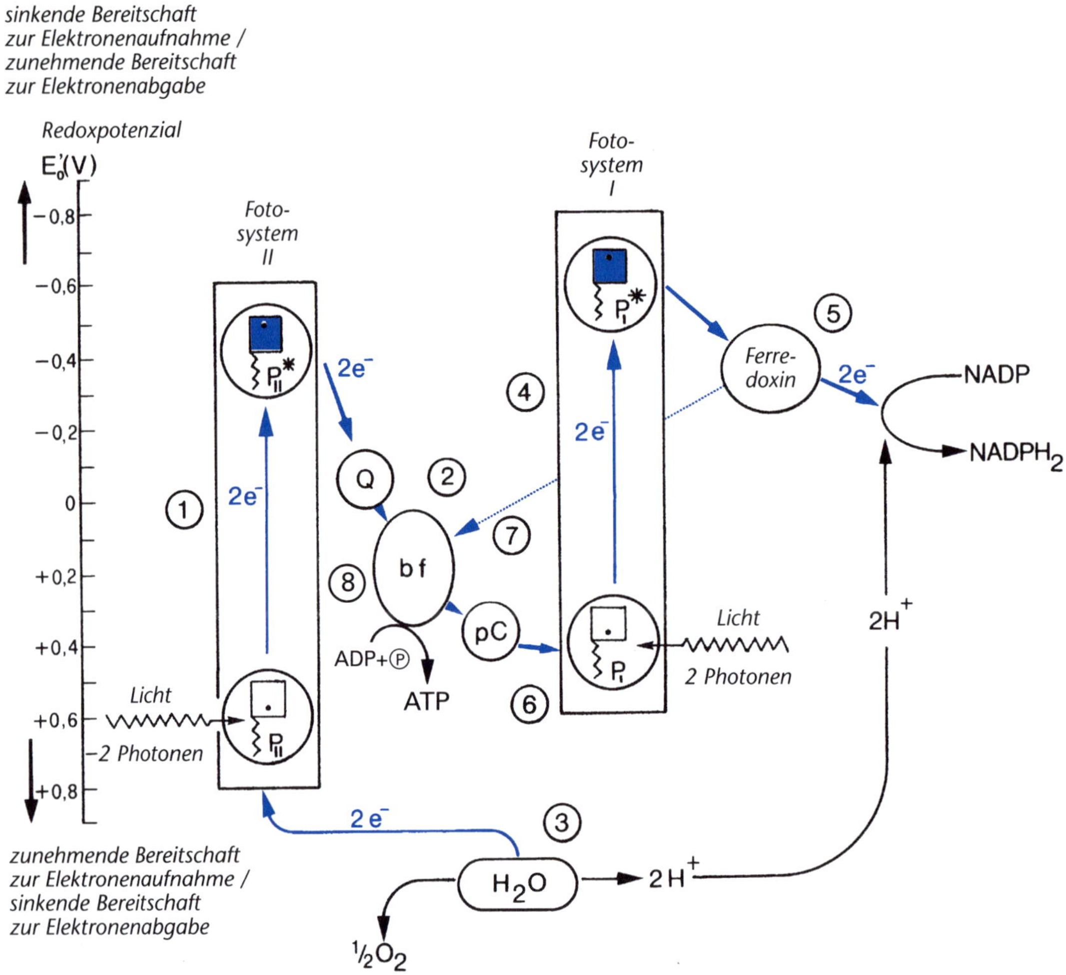

Abb. 86
Der Elektronentransport in den Primärprozessen

① **Licht** bewirkt eine über den Antennenkomplex vermittelte **Energiezufuhr** zum Reaktionszentrum des Fotosystems II, $\mathbf{P_{II}}$, das in den angeregten Zustand $\mathbf{P_{II}}$* übergeht: **zweite Lichtreaktion.**

② Die angeregten „energiereichen" Elektronen werden auf einen benachbarten Elektronenakzeptor **Q** (Plastochinon) übertragen.

Dieser ist erstes Glied in einer Kette von **Redoxsystemen,** die die Elektronen „entlang eines Energiegefälles" weiterleiten.
Nachdem die Elektronen zum letzten Glied **pC** (Plastocyanin) gelangt sind, können sie auf das Fotosystem I übertragen werden.

③ Die im Reaktionszentrum des Fotosystems II auftretende Elektronenlücke wird durch Übernahme von Elektronen aus einem vorgeschalteten System geschlossen.
Dieses vorgeschaltete System übt dann seinerseits einen **„Elektronensog"** auf Wassermoleküle aus und bewirkt dabei deren Spaltung:

$$H_2O \longrightarrow \frac{1}{2}O_2 + 2H^+ + 2e^-$$

Diesen Vorgang der Zerlegung von Wassermolekülen in Sauerstoff (O_2), Wasserstoffionen und Elektronen (e^-) bezeichnet man als **Fotolyse,** da die Energie letztlich aus dem Licht stammt (Hill-Reaktion).

④ Auch bei Fotosystem I bewirkt Licht die über den Antennenkomplex vermittelte Energiezufuhr zum Reaktionszentrum P_I, das in den angeregten Zustand P_I^* übergeht: **erste Lichtreaktion**.

⑤ Die angeregten „energiereichen" Elektronen werden auch hier auf einen benachbarten Elektronenakzeptor, nämlich **Ferredoxin**, übertragen. Auch dieser ist wiederum erstes Glied einer Kette von Redoxsystemen, die die Elektronen „entlang eines Energiegefälles" weiterleiten. **Endakzeptor** in dieser Elektronentransportkette ist **NADP**.
Unter Verwertung von Wasserstoffionen aus der Wasserspaltung bildet sich **$NADPH_2$** als Ausgangsmaterial für die Sekundärprozesse der Fotosynthese.

⑥ Die im Reaktionszentrum des Fotosystems I auftretende Elektronenlücke wird geschlossen durch Übernahme von Elektronen aus dem vorgeschalteten System **pC**.

!

Die **Zusammenschaltung der beiden Fotosysteme** führt also zum **Elektronenfluss vom Wasser bis zum NADP.**

Den Transport der Elektronen entlang dieses Weges bezeichnet man als **nichtzyklischen** (offenkettigen) **Elektronentransport**.

⑦ Daneben kennt man noch den sogenannten **zyklischen Elektronentransport**.
Er tritt ein, wenn die Elektronen vom Ferredoxin, dem Elektronenakzeptor des im Schema mit ⑤ bezeichneten Redoxsystems, nicht in Richtung auf **NADP** weiterbefördert werden, sondern in Richtung auf das als Zytochrom-bf-Komplex bezeichnete Redoxsystem.

⑧ Dieser **Zytochrom-bf-Komplex** ist das entscheidende Redoxsystem für die mit dem Elektronentransport einhergehende Bildung von **ATP**.

Aufgabe

B24 Beschreiben Sie den Weg des nichtzyklischen Elektronentransports.

5.4.3 Die ATP-Synthese

Im Zusammenhang mit den Mechanismen des Elektronentransports und der Bildung von $NADPH_2$ stehen auch Vorgänge, die zur Bildung des für die Sekundärprozesse ebenfalls benötigten **ATP** führen.

Zum besseren Verständnis ist es in diesem Fall wichtig, die **räumliche Lage** des Reaktionsgeschehens mit zu berücksichtigen.

Wir betrachten deshalb die Vorgänge, die in einem genau definierten Bereich des Chloroplasten ablaufen. Der gewählte Ausschnitt entspricht dabei dem blauen Kästchen in Abbildung 67.

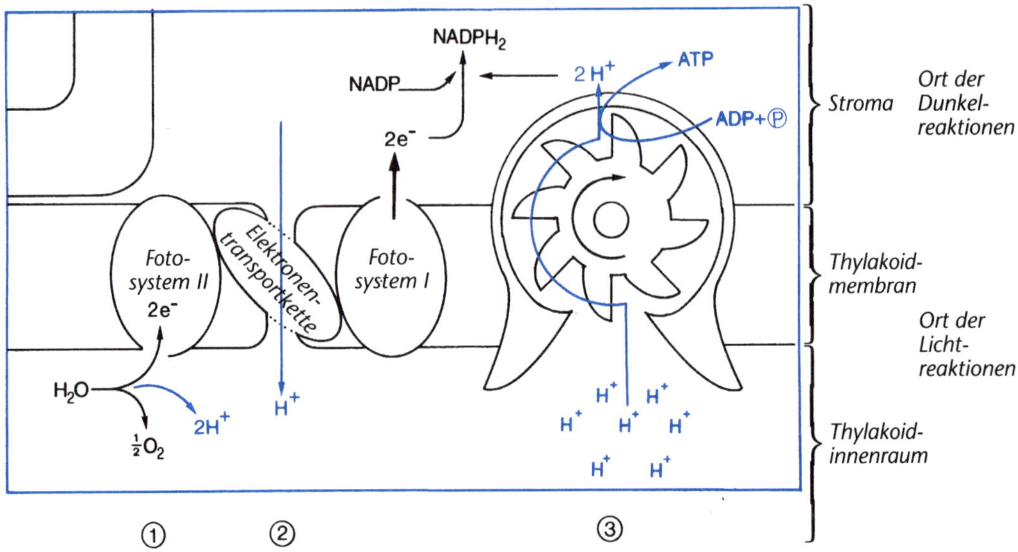

Abb. 87
Die ATP-Bildung an der Thylakoidmembran

① Bei der fotolytischen Spaltung des Wassers werden im Thylakoidinnenraum fortlaufend **H^+-Ionen** gebildet.

② Die dabei ebenfalls frei werdenden **Elektronen** wandern nach Anregung durch Licht entlang eines „Energiegefälles" über eine **Elektronentransportkette** vom angeregten Zustand des Fotosystems II in den nicht angeregten Zustand des Fotosystems I. Zu dieser Elektronentransportkette gehört der Zytochrom-bf-Komplex *(Abb. 86)*, der bei der Elektronenaufnahme auch H^+-Ionen aus dem Stroma aufnimmt und sie bei Elektronenweitergabe in den Thylakoidinnenraum entlässt. Dieser Komplex fungiert also als **H^+-Ionen-Pumpe,** die zusätzliche H^+-Ionen aus dem Stromabereich in den Thylakoidinnenraum befördert. *(Das Prinzip eines solchen gekoppelten Elektronentransports haben wir in Kap. A.3.4.3 erläutert.)*

③ Als Folge von ① und ② entsteht ein **H^+-Ionen-Gradient,** d.h. ein Gefälle zwischen relativ hoher H^+-Ionenkonzentration im Thylakoidinnenraum und relativ niedriger H^+-Ionenkonzentration im Stroma.

Dieser Konzentrationsunterschied führt zum Ausströmen von H^+-Ionen durch bestimmte dafür durchlässige Membranstellen; an diesen Stellen befindet sich der **ATP-Synthase-Komplex** *(vgl. dazu Kap. A.3.4.3)*.

Die ATP-Synthase nutzt die beim Ausstrom der H^+-Ionen frei werdende Energie zur **Bildung von ATP**. Dieser Vorgang wird als **Fotophosphorylierung** bezeichnet.

Als Bilanz der Vorgänge in den **Primärprozessen** erhalten wir:

$$\mathbf{12\ H_2O + 12\ NADP + 18\ ADP + 18\ Ⓟ \xrightarrow[\text{Chlorophyll}]{\text{Licht}} 6\ O_2 + 12\ NADPH_2 + 18\ ATP}$$

Aufgaben

B25 Vergleichen Sie die ATP-Bildung in den Chloroplasten mit der ATP-Bildung in den Mitochondrien (vgl. Kap. A.3.4.3).

B26 a) Fassen Sie die obige Bilanzgleichung für die Vorgänge in den Primärprozessen mit der Bilanzgleichung der Sekundärprozesse zur Gesamtgleichung der Fotosynthese zusammen (vgl. die Lösung der Aufgabe B19).

b) Wählen Sie eine Markierung (z.B. durch Pfeile), aus der hervorgeht, in welchen der Endprodukte die Atome der Ausgangsstoffe auftreten.

c) Benennen Sie den Ort, an dem die beiden Teilprozesse der Fotosynthese jeweils ablaufen.

B27 Das Schema gibt einen Überblick über den Weg der Stoffe in den Fotosynthesereaktionen.

Zeichnen Sie das Schema ab und ergänzen Sie die fehlenden Begriffe .

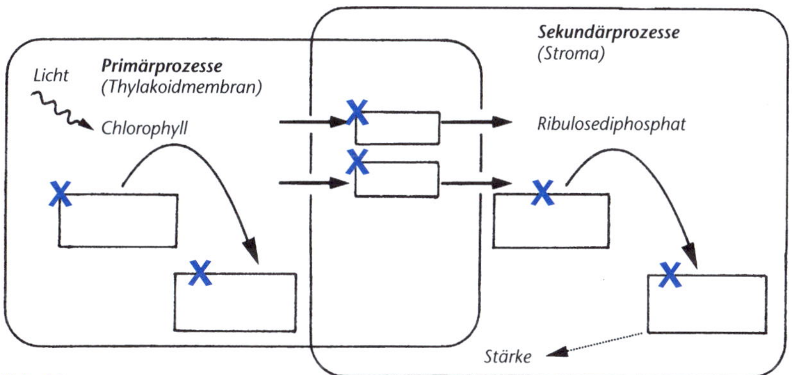

Abb. 88
Reaktionsprodukte bei der Fotosynthese

5.5 Zusammenfassung

Die **Fotosynthese** gliedert sich in zwei unterschiedliche **Reaktionsbereiche**:

- die **fotochemischen Primärprozesse**
- die **enzymatisch gesteuerten Sekundärprozesse**.

In den Primärprozessen werden Stoffe gebildet, die in den Sekundärprozessen verarbeitet werden.

Sekundärprozesse (Ablauf im Stroma):
Die fotosynthetische CO_2-Fixierung und Kohlenhydratbildung läuft in einem Kreisprozess, dem CALVIN-Zyklus, ab.

Als **CO_2-Akzeptor** dient dabei **Ribulosediphosphat.** Erstes stabiles **Reaktionsprodukt** der CO_2-Fixierung ist **Glycerinsäure-3-Phosphat.** Die energiereiche **Stufe der Kohlenhydrate** wird mit der Bildung von **Glycerinaldehyd-3-Phosphat** erreicht. Moleküle dieser Substanz werden teilweise zur **Glukosebildung** und teilweise zur **Regeneration des CO_2-Akzeptors** verwendet.

ATP-Moleküle werden zur Bereitstellung der benötigten Energie, **$NADPH_2$**-Moleküle zur Anlieferung der benötigten H-Atome verwendet.

Primärprozese (Ablauf in und an der Thylakoidmembran):
Für den Ablauf der Primärprozesse spielen Blattfarbstoffe eine wichtige Rolle. Wichtigster Blattfarbstoff ist das **Chlorophyll.** Entscheidender Bestandteil eines Chlorophyllmoleküls ist der **Porphyrin-Ring.** In ihm befindet sich ein System **konjugierter Doppelbindungen** mit leicht anregbaren Elektronen, die für die Fähigkeit des Chlorophylls zur **Lichtabsorption** verantwortlich sind.

Dem Einfangen der für den Antrieb der Primärprozesse benötigten Lichtenergie dienen **Fotosysteme.**

Werden die im **Antennenkomplex** befindlichen Chlorophyllmoleküle durch Lichtenergie angeregt, wird diese Energie an benachbarte Chlorophyllmoleküle bis hin zu einem bestimmten Chlorophyll-a-Molekül im **Reaktionszentrum** weitergegeben.

Wird dieses Molekül angeregt, überträgt es sein „energiereiches" Elektron auf einen nachgeschalteten **Elektronenakzeptor** und schließt die dabei auftretende Elektronenlücke durch Übernahme eines Elektrons von einem vorgeschalteten **Elektronendonator.**

Damit kommen chemische Prozesse in Gang, die zur Bildung der für die Sekundärprozesse benötigten Substanzen **ATP** und **$NADPH_2$** führen.

In ihrem Verlauf werden aus dem **Wasser** stammende Elektronen bis zum NADP transportiert. Der EMERSON-Effekt liefert den Nachweis, dass zwei Fotosysteme beteiligt sind.

Die einzelnen Phasen des **fotochemischen Elektronentransports** sind:

- Fotolyse des Wassers
- Zweite Lichtreaktion
- Elektronentransport vermittels einer Kette von Redoxsystemen zwischen Fotosystem II und Fotosystem I
- Erste Lichtreaktion
- Elektronentransport vermittels einer Kette von Redoxsystemen zwischen Fotosystem I und dem Elektronenakzeptor NADP.

Die **Fotolyse** des Wassers sowie die Vorgänge im Zusammenhang mit dem Elektronentransport zwischen Fotosystem II und I führen zu einem Anstieg der H^+-Ionenkonzentration im Thylakoidinnenraum im Vergleich zum Stroma. Der auftretende **H^+-Ionengradient** bewirkt Vorgänge, die zur Bildung von ATP führen und als **Fotophosphorylierung** bezeichnet werden.

Als **Gesamtgleichung der Fotosynthese** ergibt sich:

$$6\,CO_2 + 12\,H_2O \xrightarrow[\text{Chlorophyll}]{\text{Licht}} C_6H_{12}O_6 + 6\,O_2 + 6\,H_2O$$

6. Sonderformen der CO_2-Verwertung

6.1 C_4-Pflanzen

Pflanzen heißer Klimazonen müssen die Wasserabgabe über die Spaltöffnungen gering halten, um sich vor Austrocknung zu schützen.

Damit ist aber gleichzeitig die **CO_2-Aufnahme** vermindert. Bei geringer CO_2-Konzentration in den Pflanzenzellen tritt vermehrt ein Effekt in Erscheinung, der sich auf die Stoffausbeute in der Fotosynthese auswirkt. Und zwar lagert der CO_2-Akzeptor Ribulosediphosphat anstelle des Kohlenstoffdioxids Sauerstoffmoleküle an. Damit wird eine Reaktionsfolge in Gang gesetzt, die zur CO_2-Freisetzung führt.

Diesen Prozess, bei dem also anders als bei der Fotosynthese O_2 verbraucht und CO_2 freigesetzt wird, bezeichnet man als **Lichtatmung** oder **Fotorespiration**. Sie senkt die Produktivität des Fotosyntheseapparates.

Ganz im Gegensatz dazu zeichnen sich aber gerade bestimmte **tropische Futterpflanzen**, wie z.B. Mais, Hirse und Zuckerrohr, durch besonders hohe Fotosyntheseleistungen aus. Sie müssen also über eine Form der CO_2-Verwertung verfügen, die die genannten Schwierigkeiten überwindet und dabei sogar die Fotosyntheserate zusätzlich steigert.

Untersucht man die **Blätter** der zu dieser besonderen Leistung befähigten Pflanzen, so fallen Besonderheiten in der Blattanatomie auf, die von dem uns vertrauten Bild abweichen *(vgl. mentor Abiturhilfe Zellbiologie)*.

Die spezielle anatomische Differenzierung in **Mesophyll-** und **Bündelscheidenzellen** spiegelt sich auch in unterschiedlichen

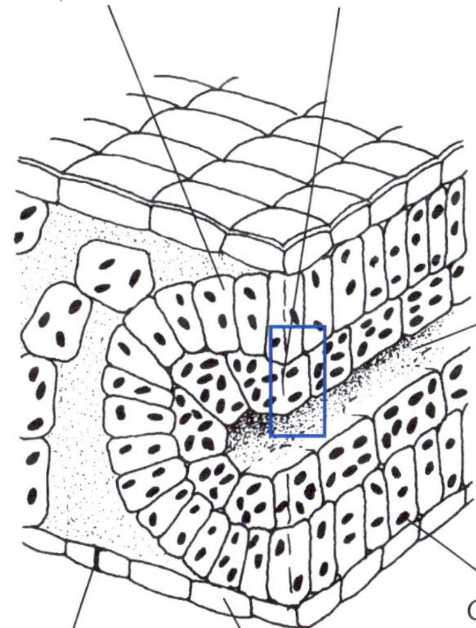

Abb. 89
Blattanatomie einer typischen C_4-Pflanze

Chloroplasten und unterschiedlichen Funktionen dieser beiden Zelltypen wider.

Bietet man Pflanzen mit dieser Blattanatomie als Ausgangsmaterial für die Fotosynthese Kohlenstoffdioxid an, das das radioaktiv markierte Isotop ^{14}C enthält, so tritt als erstes markiertes Reaktionsprodukt **Oxalacetat,** ein **C_4-Körper,** auf und nicht wie bei den „normalen" Pflanzen Glycerinsäure-3-Phosphat, ein C_3-Körper. Deshalb spricht man von **C_4-Pflanzen.**

Zur genaueren Erläuterung der **Besonderheiten im Stoffwechsel** von C_4-Pflanzen wollen wir ein Schema verwenden, das den in Abbildung 89 gekennzeichneten Ausschnitt vergrößert wiedergibt.

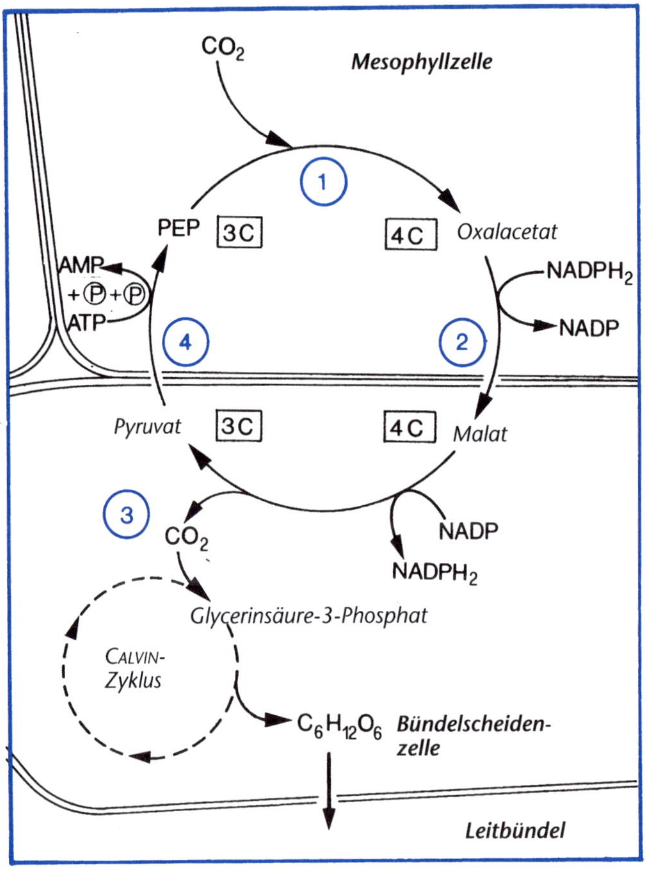

Abb. 90
Reaktionsabläufe in C4-Pflanzen

① In den **Mesophyllzellen** wird Kohlenstoffdioxid durch Anlagerung an einen C_3-Körper (in diesem Fall **P**hospho**e**nol**p**yruvat, verkürzt: **PEP**) in die C_4-Form übergeführt.

② Der C_4-Körper **Malat** geht in die **Bündelscheidenzellen** über.

③ In diesen wird aus Malat wieder CO_2 freigesetzt, das dann in den **CALVIN-Zyklus** eingeschleust wird.

④ Der übrig bleibende C_3-Körper **Pyruvat** gelangt zurück in die Mesophyllzellen und wird dort in **PEP** umgewandelt, das erneut CO_2 anlagern kann.

In den Mesophyllzellen auftauchendes Kohlenstoffdioxid wird also gezielt den Bündelscheidenzellen „zugepumpt“, in denen die Sekundärprozesse der Fotosynthese ablaufen und damit die Kohlenhydratproduktion stattfindet.

Dieser Mechanismus ist deshalb so bedeutsam, weil er CO_2, das sonst wegen der Lichtatmung (Fotorespiration) verloren zu gehen droht, für die Fotosynthese verfügbar macht.

6.2 CAM-Pflanzen

Der soeben beschriebene Weg der **CO_2-Verwertung** läuft in veränderter Form auch in einer Reihe von **Sukkulenten** ab. Das sind Pflanzen, die besondere Anpassung an trockene Standorte aufweisen, wie z.B. die Kakteen.

Im Gegensatz zu den C_4-Pflanzen findet hier die CO_2-Fixierung in Form von Malat und die

Verarbeitung im CALVIN-Zyklus **innerhalb derselben Zellen** statt. Dafür erfolgen beide Prozesse aber **zeitlich** voneinander **getrennt**.

Zum besseren Verständnis wollen wir auch in diesem Fall die Reaktionsabläufe in einem Schema darstellen:

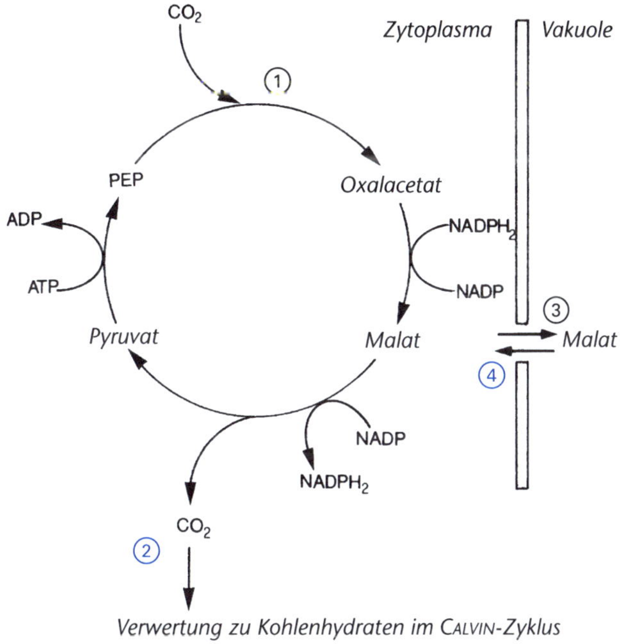

Abb. 91
Reaktionsabläufe in CAM-Pflanzen

① Die **CO_2-Aufnahme** und Malatbildung erfolgen **nachts**, wenn die Spaltöffnungen geöffnet bleiben können, ohne dass Gefahr von zu großem Wasserverlust besteht.

② Die **Verwertung** zu Kohlenhydraten findet dann tagsüber bei geschlossenen Spaltöffnungen statt.

③ Das **nachts** gebildete Malat wird überwiegend in der **Vakuole** gespeichert und führt dort zu einer **Ansäuerung**.

④ Tagsüber wird das Malat aus der Vakuole wieder in das **Zytoplasma** transportiert und weiterverarbeitet – der Säuregehalt der Vakuole sinkt.

Die tageszeitliche Schwankung des Säuregehalts wird auch **diurnaler Säurerhythmus** genannt. Er wurde zuerst für zwei Arten der *Crassulaceen*, also der Dickblattgewächse, beschrieben. Man spricht deshalb von ***Crassulaceen*-Säurestoffwechsel** (engl.: Crassulacean **A**cid **M**etabolism = **CAM**).

Aufgabe

B28 Vergleichen Sie die Reaktionsabläufe in C_4- und CAM-Pflanzen.

7. Stickstoff-Fixierung

Pflanzliche Organismen bilden in der Fotosynthese aus CO_2 und H_2O energiereiche Kohlenhydrate. Aus diesen allein kann der Pflanzenkörper jedoch nicht aufgebaut werden; sie dienen hauptsächlich zur Energiebereitstellung. Für den **Aufbau** indes sind auch andere Stoffe wichtig. Eine ganz besondere Stellung nehmen dabei die **Proteine** ein. Zur **Synthese** der für ihre Bildung notwendigen Aminosäuren benötigt die Pflanze **Stickstoff** (N).

Ihn nehmen höhere Pflanzen bevorzugt in Form von **Nitrationen** (NO_3^-) auf. Diese Substanz muss zuerst umgewandelt werden in **Ammoniumionen** (NH_4^+), um dann als NH_2^- Gruppe in Aminosäuren eingebaut zu werden.

Da die Umwandlung von NO_3^- in NH_4^+ ein **Reduktionsvorgang** ist, werden Elektronen benötigt. Diese können über das von den Primärprozessen der Fotosynthese bekannte Fotosystem I bereitgestellt und über Redoxsysteme (z.B. Ferredoxin) übertragen werden:

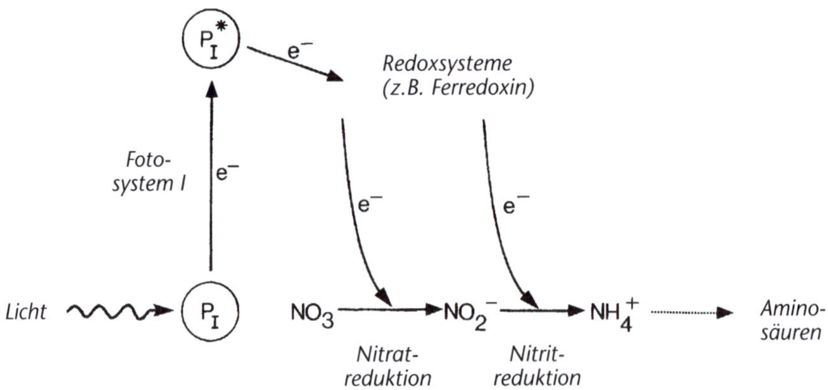

Abb. 92
Reduktion von Stickstoff

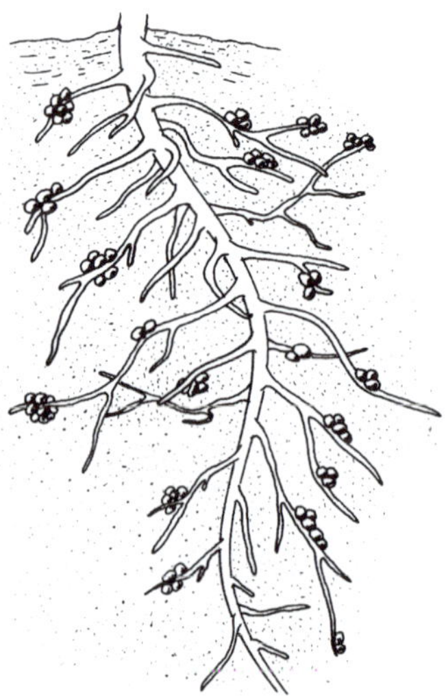

Abb. 93
Erbsenwurzel mit Knöllchen

Ein überreiches Stickstoffreservoir bildet die **Luft** mit ihrem **Stickstoffanteil von 78%.** Dieser schier unerschöpfliche Vorrat kann von den höheren Pflanzen jedoch nicht unmittelbar genutzt werden. Doch haben sich bestimmte **Bakterienarten** gerade darauf spezialisiert, den Luftstickstoff zu binden.

Bekannteste Vertreter sind die **Knöllchenbakterien.** Sie dringen z.B. in die Wurzeln von Schmetterlingsblütlern wie Erbsen und Bohnen ein und veranlassen diese Pflanzen zur Ausbildung von Gewebswucherungen („Knöllchen"). In diesen leben die Bakterien als **Symbiosepartner***, indem sie den Luftstickstoff (N_2) in eine für die höhere Pflanze – ihren Wirt – verwertbare Form reduzieren.

8. Chemosynthese

Manche **Bakterien** leben **autotroph***, bauen also aus CO_2 Kohlenhydrate auf, obwohl sie über **keinen Fotosyntheseapparat** verfügen, der es ihnen ermöglichen würde, die benötigte Energie aus dem Licht zu beziehen.

Als Energiequelle nutzen sie stattdessen die **Oxidation** verschiedener **anorganischer Substanzen** wie z.B. Schwefelwasserstoff (H_2S), Ammoniumionen (NH_4^+) oder Nitritionen (NO_2^-).

Wegen dieser Form der Energiegewinnung spricht man von **Chemosynthese**.

Sie verläuft – ebenso wie die Fotosynthese – über zwei Stufen:

Stufe 1:
Durch Oxidation des jeweiligen anorganischen Substrats wird Energie gewonnen und zum Aufbau von ATP und $NADPH_2$ (bzw. $NADH_2$) verwendet.

Stufe 2:
Mit ATP und $NADPH_2$ (bzw. $NADH_2$) erfolgt dann im CALVIN-Zyklus die Umwandlung von CO_2 in die Stufe der Kohlenhydrate.

Einigen Chemosynthesen kommt eine große **ökologische Bedeutung** zu. Zwei davon wollen wir kurz benennen.

- Bei der **Zersetzung von Eiweiß** entweicht Stickstoff in Form von NH_4^+-Ionen, die von Pflanzen nicht direkt verwertet werden können.
  Spezielle **nitrifizierende Bakteriensorten** gewinnen ihre Energie durch **Umwandlung von** NH_4^+-Ionen bzw. deren Folgeprodukt:

  $$NH_4^+ \xrightarrow{\textbf{Nitrit}\text{bakterien}} NO_2^-$$

  $$NO_2^- \xrightarrow{\textbf{Nitrat}\text{bakterien}} NO_3^-$$

  Mit den Nitrationen (NO_3^-) ist diejenige Stickstoff-Form erreicht, die von den Pflanzen aufgenommen werden kann.

- Bei der **Fäulnis von Eiweiß** entsteht auch **Schwefelwasserstoff** (H_2S). Diese nach faulen Eiern riechende giftige Substanz wird von **Schwefelbakterien** zur Energiegewinnung **oxidiert** und damit unschädlich gemacht.
  Dieser Prozess ist z.B. bedeutsam für die Selbstreinigung der Gewässer sowie die Abwasserreinigung in Kläranlagen.

Aufgabe

B29 Vergleichen Sie kurz **Fotosynthese** und **Chemosynthese**

a) hinsichtlich der ATP und $NADPH_2$ liefernden Vorgänge,

b) hinsichtlich der Umwandlung von CO_2 in Kohlenhydrate.

C Ernährung des Menschen

1. Aufgaben der Ernährung

Wenn wir länger nichts essen, machen wir schlapp. Damit das nicht passiert, nehmen wir Nahrung auf. Wir brauchen die Nahrung – wie alle anderen Lebewesen – zur Erhaltung unserer Lebensvorgänge und der Leistungsfähigkeit unseres Organismus.

Wir nehmen mit der Nahrung „Kraftstoffe" auf. Sie liefern die **Energie** für Muskelarbeit, den Aufbau von körpereigenen Substanzen und die Erzeugung der Körperwärme *(Kap. C.2)*.

Mit der Nahrung werden dem Körper alle **Stoffe** zugeführt, die für Aufbau und Erneuerung des Organismus unentbehrlich sind *(Kap. C.3)*.

Außerdem sind in der Nahrung Substanzen enthalten, die uns eine **Verwertung** der Nahrungsbestandteile erst ermöglichen – z.B. die Vitamine *(Kap. C.4)*.

Die Umwandlung der in der Nahrung enthaltenen Stoffe erfolgt im Körper durch unzählige chemische Reaktionen, die alle zusammen den **Stoffwechsel** bilden. Dazu gehört die **Verdauung** der Nahrung, der **Abbau** von Nahrungsbestandteilen zur Energiegewinnung, der **Umbau** von Nahrungsbestandteilen zu körpereigenen Stoffen, die **Speicherung** von Nahrungsbestandteilen und die **Ausscheidung** von Stoffwechselabfällen *(Kap. C.5)*.

Die Nahrungsaufnahme befriedigt aber noch andere Bedürfnisse. Essen soll gut schmecken; deshalb spielen **Geschmacksansprüche** bei der **Nahrungsauswahl** oft eine große Rolle. Wie viel Nahrung aufgenommen wird, reguliert unser Körper durch die Gefühle von **Hunger** und **Sättigung** *(Kap. C.6)*.

Die Essgewohnheiten können allerdings vom physiologischen Bedarf des Organismus so sehr abweichen, dass daraus **Ernährungsfehler** entstehen *(Kap. C.7)*.

2. Nahrung als Energielieferant

2.1 Nährstoffe als Energieträger

Wer kennt sie nicht, die Werbespots für „Energie-Riegel" im Fernsehen? Worin steckt die Energie?

Als Energiequellen kommen nur bestimmte Nahrungsbestandteile infrage. Sie werden als **Nährstoffe** bezeichnet. Zu ihnen gehören die **Kohlenhydrate**, die **Fette** und die **Eiweiße** (auch **Proteine** genannt).

> !
> Alle Nährstoffe zeichnen sich dadurch aus, dass sie
> 1. Energie in Form chemischer Bindungen gespeichert haben und
> 2. vom menschlichen Körper verwertet werden können.

Die zweite Bedingung ist wichtig, weil wir mit der Nahrung auch Stoffe aufnehmen, die zwar energiereich sind, die unser Körper aber nicht abbauen kann.

Die wichtigsten Energielieferanten sind die **Kohlenhydrate**. Eine Übersicht dieser Nährstoffgruppe zeigt Abbildung 94.

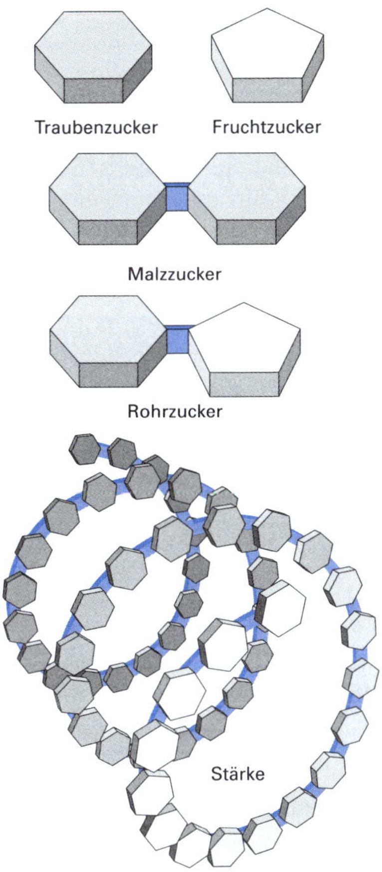

Abb. 94
Kohlenhydrate in der Nahrung

Zu den Kohlenhydraten gehören die **Zucker**. **Traubenzucker** (Glukose) und **Fruchtzucker** (Fruktose), die beide natürlicherweise vor allem in Früchten vorkommen, sind sogenannte Einfachzucker, weil sie nur aus einer einzigen Zucker-Einheit bestehen. **Rohrzucker** (Saccharose), der gewöhnlich zum Süßen von Speisen und Getränken verwendet wird, ist ein Doppelzucker, der aus zwei Zucker-Einheiten zusammengesetzt ist: aus Traubenzucker und Fruchtzucker.

Zu den komplizierter aufgebauten Kohlenhydraten gehört die **Stärke**, die den Hauptbestandteil des Mehls ausmacht und deshalb in Brot oder Nudeln reichlich vorhanden ist. Mehl wird bei uns meist aus den einheimischen Getreidesorten Weizen und Roggen gewonnen. Stärke ist aber auch in allen anderen Getreidesorten sowie in Kartoffeln und Reis enthalten. Das Riesenmolekül besteht aus vielen hundert Traubenzuckermolekülen, die miteinander verkettet sind. Aus diesem Grund kann Stärke chemisch in Traubenzucker zerlegt werden *(vgl. Kap. C.5.1)*.

Fette sind ebenfalls hervorragende Energieträger. Sie bestehen aus einem Molekül **Glycerin** und drei **Fettsäuren** *(vgl. Abb. 95)*.

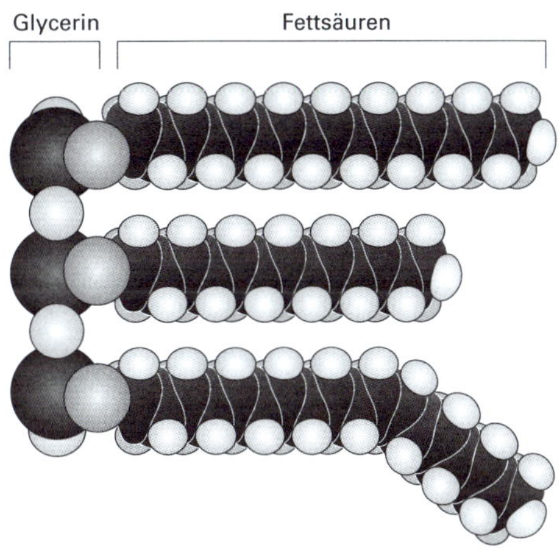

Abb. 95
Aufbau eines Fettmoleküls

Die verschiedenen Nahrungsfette unterscheiden sich grundsätzlich nur in der Zusammensetzung dieser drei Fettsäuren.

Fette sind in konzentrierter Form in Speiseölen, Butter und Margarine enthalten. Auch Nüsse und Samen sind sehr fetthaltig. Die meisten tierischen Nahrungsmittel enthalten mehr oder weniger **verborgene** Fette (z.B. Wurst und Käse).

Die **Eiweiße** oder **Proteine** sind primär **nicht** als Energielieferanten anzusehen. Sie werden von unserem Körper hauptsächlich als Baustoffe benötigt *(vgl. Kap. C.3)*. Da der Eiweißbedarf des Körpers begrenzt ist und Eiweiß kaum gespeichert werden kann, wird **überschüssiges** Eiweiß ebenfalls zur Deckung des Energiebedarfs herangezogen. Nur in diesem Sinne kommen auch Eiweiße als Energielieferanten infrage.

2.2 Energieinhalt der Nährstoffe

Wenn wir die Energie, die in einem Stück Holz steckt, zum Wärmen nutzen wollen, müssen wir das Holz verbrennen. Auch die Energie, die in den Nährstoffen enthalten ist, kann von unserem Körper nur genutzt werden, indem er die Nährstoffe mithilfe von Sauerstoff „verbrennt". (Die Chemiker nennen das „Oxidation".)

Wie viel Energie die jeweiligen Nährstoffe liefern, hängt von ihrem **Brennwert** ab. Der kann experimentell ermittelt werden: in einem Kalorimeter *(vgl. Abb. 96)*.

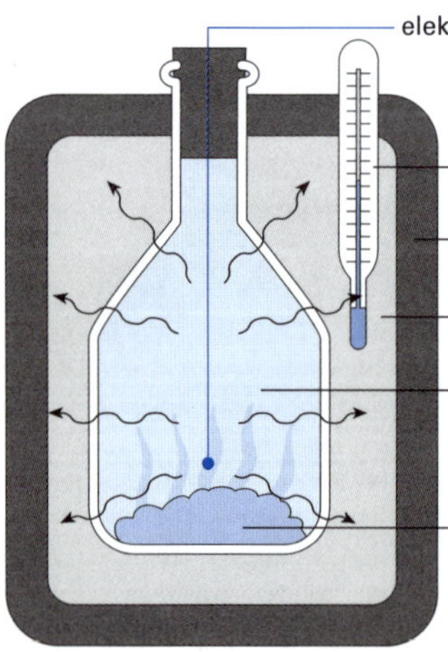

Abb. 96
Schema eines Kalorimeters

Das ist ein mit Wasser gefüllter, gut isolierter Kasten, in dem sich eine Brennkammer befindet. In diese Brennkammer kommt eine genau abgemessene Menge des Nahrungsmittels, dessen Energieinhalt ermittelt werden soll. Anschließend wird die Brennkammer mit reinem Sauerstoff gefüllt. Während das Nahrungsmittel verbrennt, verbinden sich die Nährstoffmoleküle mit dem Sauerstoff. Als Ergebnis dieser **chemischen Reaktion** entstehen Kohlenstoffdioxid, Wasser(-dampf) und Wärme. Die Wärme war ursprünglich als chemisch gebundene Energie im Nahrungsmittel enthalten. Durch die chemische Reaktion wird diese Bindungsenergie in Wärmeenergie **umgewandelt**. Die freigesetzte Wärme heizt das Wasser auf, das die Brennkammer umgibt. Die Temperaturerhöhung kann an einem eingetauchten Thermometer abgelesen werden.
Eine Temperaturerhöhung von 1°C pro Liter Wasser entspricht einer frei gewordenen Wärmeenergie von 4,187 kJ (Kilojoule) oder 1 kcal (Kilokalorie; daher die berüchtigten „Kalorien" und die Bezeichnung „Kalorimeter").

In einem Gramm **Zucker** ist so viel Energie enthalten, dass ein Liter Wasser um 4,2°C erwärmt wird. Das ergibt einen Energieinhalt von etwa **4 kcal** oder etwa 17 kJ. Mit einem Gramm **Fett** kommt man sogar auf 9,5°C. Das ergibt einen Energieinhalt von etwa **9 kcal** oder etwa 38 kJ. Fett enthält also mehr als doppelt so viel Energie wie Zucker (oder ein anderes Kohlenhydrat).

Mit dieser Methode erhalten wir aber nur den **physikalischen Brennwert**, der angibt, wie viel Wärmeenergie bei **vollständiger** Verbrennung frei wird. Da jedoch nicht alle Nährstoffe im Körper gleich gut ausgenutzt werden, interessiert den Biologen der tatsächliche **physiologische Brennwert** viel mehr. Dieser entspricht für Kohlenhydrate und Fette dem physikalischen Brennwert, da diese Nährstoffe sehr gut (nahezu 100%ig!) ausgenutzt werden können. Beim Eiweiß besteht jedoch ein Unterschied: Der physikalische Brennwert beträgt etwa 5 kcal, der physiologische aber nur etwa 4 kcal, ist also mit dem der Kohlenhydrate identisch.

! Der von unserem Körper ausnutzbare Energieinhalt eines Nahrungsmittels hängt von der relativen Zusammensetzung der Nährstoffe und von deren physiologischem Brennwert ab.

Aufgabe

C01 Besorgen Sie sich eine Nährstofftabelle und ermitteln Sie, welche Nahrungsmittel den höchsten Energieinhalt besitzen.

2.3 Energiebedarf des Körpers

Der Energiebedarf unseres Körpers hängt von dessen **Energieverbrauch** ab, d.h. davon, wie viel Energie pro Zeiteinheit umgesetzt wird. Wir sprechen daher auch von **Energieumsatz**.

Der Energieumsatz eines Menschen ist abhängig

1. vom Ruhe- oder **Grundumsatz** und
2. vom Arbeits- oder **Leistungsumsatz**.

Definition Als **Grundumsatz** wird diejenige Energiemenge bezeichnet, die zur **Erhaltung der Lebensfunktionen** benötigt wird.

Gemessen wird der Grundumsatz unter folgenden Bedingungen:

1. immer zur gleichen Tageszeit (z.B. morgens),
2. liegend (keine Arbeitsleistung der Skelettmuskeln!),
3. nüchtern (keine Verdauungsarbeit!),
4. bei behaglicher Umgebungstemperatur (kein Wärmeverlust!).

Unter diesen Bedingungen wird mehr als die Hälfte der umgesetzten Energie von Leber (25%), **Gehirn** (20%) und **Herz** (10%) verbraucht.
Bestimmt man den Grundumsatz verschiedener Menschen, zeigt sich eine **große Variationsbreite**, die von verschiedenen Faktoren beeinflusst wird:

Den größten Einfluss auf den Grundumsatz hat das **Körpergewicht**. Als groben Richtwert kann man für Erwachsene mittleren Alters einen relativen Grundumsatz von etwa **4 kJ** oder **1 kcal pro kg Körpergewicht und Stunde** angeben.

Aufgabe

C02 Berechnen Sie den täglichen Grundumsatz eines 70 kg schweren Mannes.

Ein weiterer Faktor ist das Alter. Abbildung 97 zeigt, dass im Säuglingsalter der relative Grundumsatz am höchsten ist. Danach nimmt der Wert mit dem Alter kontinuierlich ab. Dabei sind zwei Phasen deutlich zu unterscheiden. In der ersten Phase von der Geburt bis etwa zum 20. Lebensjahr sinkt der Wert um ca. 30%; danach beträgt der Rückgang nur noch ca. 2% pro Lebensjahrzehnt.

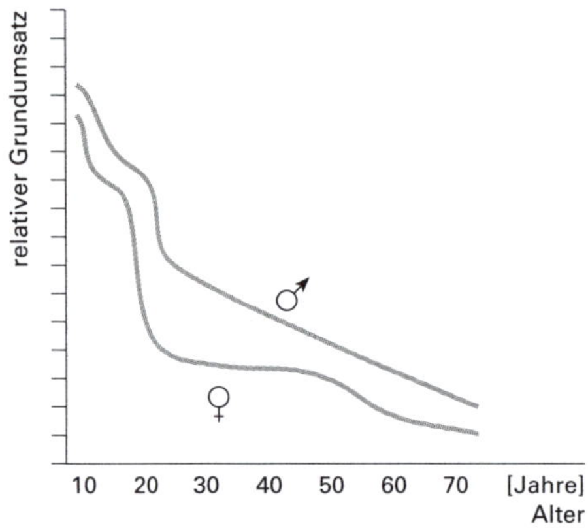

Abb. 97
Abhängigkeit des relativen Grundumsatzes von Lebensalter und Geschlecht

Auch das **Geschlecht** spielt eine Rolle: Frauen verbrauchen im Grundumsatz 10-20% weniger Energie als Männer. Der Geschlechtsunterschied wird hauptsächlich der geringeren Muskelmasse, aber auch der niedrigeren Stoffwechselaktivität von Frauen zugeschrieben.

Schließlich wird der Grundumsatz von der **aufgenommenen Nahrungsmenge** beeinflusst. Das liegt daran, dass unser Körper nicht wie eine Maschine arbeitet, die immer gleich viel Energie verbraucht. Unser Körper passt sich an: Steht ihm bei überkalorischer Ernährung viel Energie zur Verfügung, geht er verschwenderisch damit um und verwandelt einen Teil der aufgenommenen Nahrungsenergie sofort in Wärme (**nahrungsinduzierte Thermogenese**). Kommt es umgekehrt bei unterkalorischer Ernährung zu einem Energiemangel, wird gespart und die Wärmeproduktion gedrosselt.

Allerdings gibt es erhebliche **Unterschiede** zwischen den Menschen. „Schlechte Futterverwerter" verheizen sofort einen Teil der bei jeder Nahrungsaufnahme aufgenommenen Kalorien wieder. Anders sieht es bei den „guten Futterverwertern" aus: Aufgrund eines ökonomischer arbeitenden Stoffwechsels speichern sie einen großen Teil der mit der Nahrung aufgenommenen Energie – meist in Form von Körperfett. Das war unter den sehr lange kargen Lebensbedingungen im Verlauf der 2 Millionen Jahre unserer Evolution sogar ein Überlebensvorteil – unter den Schlaraffenland-Bedingungen von heute wird diese vererbte Stoffwechseleigenschaft eher zum Problem.

Bei körperlicher Betätigung steigt der Energieumsatz in Abhängigkeit vom Ausmaß der Arbeitsintensität an. Dieser **Arbeitsumsatz** oder **Leistungsumsatz** resultiert im Wesentlichen aus der gesteigerten **Aktivität der Skelettmuskulatur**. Bereits beim Sitzen erhöht sich der Grundumsatz um 40%, bei entspanntem Stehen um 50%, bei normalem Gehen um 100% und beim Joggen (10 km/h) um 500%.

Tabelle 3 zeigt einige Beispiele für den durchschnittlichen Energiebedarf bei verschiedenen Sportarten. Angegeben ist jeweils der über den Grundumsatz hinausgehende Energieverbrauch sowie die Zeit, die die Sportart ausgeübt werden muss, um die Energie zu verbrauchen, die durch ein bestimmtes Nahrungsmittel zugeführt wird. Um den Energieinhalt einer Tafel Schokolade zu verbrauchen, sind also zwei Halbzeiten Fußball nötig – natürlich nicht vor dem Fernseher!

Auch berufliche Tätigkeiten lassen sich nach der Intensität der körperlichen Arbeit einteilen. Bei leichter körperlicher Tätigkeit (z.B. Lehrer) beträgt der Arbeitsumsatz etwa 2000–3000 kJ pro Tag, bei mittelschwerer Tätigkeit (z.B. Handwerker, Hausfrauen) etwa 3000–4000 kJ pro Tag und bei schwerer Arbeit (z.B. Bauarbeiter) bis zu 15000 kJ pro Tag.

Sportart	Energieverbrauch pro Stunde (kcal)	Dauer der körperlichen Betätigung in Minuten zur Verwendung von …	
		1 Tafel Schokolade (600 kcal)	**0,75 Liter Limonade (350 kcal)**
Spaziergang	50–200	180–720	105–420
Radfahren	100–300	120–360	70–210
Fitness	200–400	90–180	53–105
Jogging	200–400	90–180	53–105
Fußball	400–500	80–90	42–53
Tennis	400–500	80–90	42–53
Schwimmen	200–600	60–180	30–105
Skilaufen	400–800	50–90	26–53

Tabelle 3
Energieumsatz bei körperlicher Betätigung

Unser Körper verbraucht Energie für die Erhaltung der Lebensfunktionen und für Arbeitsleistungen. Er gewinnt Energie durch die Nahrungsaufnahme. Entspricht die Energieaufnahme dem Energieverbrauch, befindet sich der Körper im **Energiegleichgewicht.**

Bewegungsmangel und Überernährung führen zu einer Störung des Energiegleichgewichts. Die überschüssigen energiereichen Nährstoffe werden dann in Form von Depotfett gespeichert *(vgl. Kap. C.5.2)*.

3. Nahrung als Lieferant von Aufbaustoffen

Der menschliche Körper besteht im Durchschnitt zu 60% aus Wasser, zu 15–20% aus Eiweiß, zu 15–20% aus Fett, zu 1% aus Kohlenhydraten und zu 5% aus Mineralstoffen. Diese Körpersubstanzen werden während des Wachstums in Kindheit und Jugend aus Nahrungsbestandteilen aufgebaut. Auch im Körper des Erwachsenen müssen ständig Zellen ersetzt oder neu gebildet werden. Die **Aufbaustoffe**, die hierfür nötig sind, entnimmt unser Körper ebenfalls der Nahrung. Dazu gehören außer den drei Nährstoffen (Eiweiße, Fett, Kohlenhydrate) die Mineralstoffe und das Wasser.

3.1 Eiweiße (Proteine)

Von den drei Nährstoffen sind vor allem Eiweiße oder Proteine am Aufbau des Körpers beteiligt. Proteine sind große Moleküle, die aus **Ketten von Aminosäuren** bestehen *(vgl. Abb. 98)*.

Es gibt insgesamt **20 verschiedene Aminosäuren,** die sich in ihrem chemischen Aufbau etwas unterscheiden (*vgl. mentor Abiturhilfe Zellbiologie*). Jede hat einen eigenen Namen und eine passende Abkürzung *(vgl. Tab. 4)*.

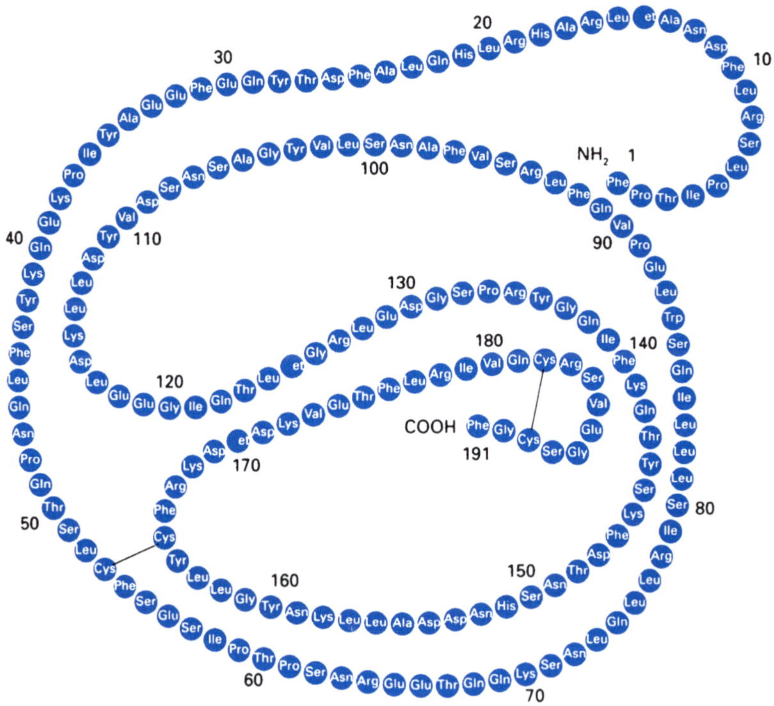

Abb. 98
Aufbau eines Proteins am Beispiel des menschlichen Wachstumshormons; Abkürzungen siehe Tabelle 4

Ala	Alanin	Leu	**Leucin**
Arg	**Arginin°**	Lys	**Lysin**
Asn	Asparagin	Met	**Methionin**
Asp	Asparaginsäure	Phe	**Phenylalanin**
Cys	Cystein	Pro	Prolin
Gln	Glutamin	Ser	Serin
Glu	Glutaminsäure	Thr	**Threonin**
Gly	Glycin	Trp	**Tryptophan**
His	**Histidin°**	Tyr	Tyrosin
Ile	**Isoleucin**	Val	**Valin**

Tabelle 4
Liste der Aminosäuren in Proteinen; Erläuterungen im Text

Proteine sind die vielgestaltigsten Moleküle in unserem Körper. Die Vielfalt kommt dadurch zustande, dass die 20 verschiedenen Aminosäuren in immer andersartiger Weise zu langen Ketten verknüpft werden, die 100 und mehr Aminosäuren enthalten können *(vgl. Abb. 98)*.

Die körpereigenen Proteine werden **ständig abgebaut** und wieder **neu aufgebaut**. Dabei werden pro Tag etwa 100 Gramm Körpereiweiß umgesetzt. Die Aminosäuren, aus denen die körpereigenen Proteine aufgebaut werden, stammen zum Teil aus dem Abbau von Körpereiweiß, zum Teil aus dem Abbau von Nahrungseiweiß. Diejenigen Aminosäuren, die der Körper nicht durch Umwandlung aus vorhandenen Aminosäuren selbst herstellen kann und die deshalb **unbedingt** mit der Nahrung aufgenommen werden müssen, werden als **essenzielle Aminosäuren** bezeichnet. Sie sind in Tabelle 4 fett gedruckt. (Die mit ° versehenen Aminosäuren sind nur für Säuglinge essenziell.)

Da die Speicherung von Eiweiß im Körper praktisch nicht möglich ist, muss eine **ausreichende Proteinmenge** mit der täglichen Nahrung aufgenommen werden. Einem erwachsenen Menschen reicht eine tägliche Proteinzufuhr von etwa **0,8 Gramm pro kg Körpergewicht**.

Aufgabe

C03 Berechnen Sie die Proteinmenge, die Ihren persönlichen Bedarf deckt.

Durch die Ernährungsgewohnheiten in den Industrieländern liegt unser durchschnittlicher Eiweißkonsum deutlich höher. Im Ernährungsbericht 1988 der Deutschen Gesellschaft für Ernährung war die konsumierte Menge für Frauen mit 83 g und für Männer mit 105 g Eiweiß pro Tag angegeben. Bis 1996 hatten sich diese Werte – offensichtlich dank eines veränderten Ernährungsbewusstseins – auf 59 g bei Frauen und 70 g bei Männern verringert! Wie bereits erwähnt, werden **überschüssig** aufgenommene Aminosäuren als **Brennstoffe** verwertet.

Es ist nun deutlich geworden, dass unser Körper keinen allgemeinen Eiweißbedarf, sondern einen ganz spezifischen **Bedarf an bestimmten Aminosäuren** hat. In den meisten eiweißhaltigen Nahrungsmitteln sind alle 20 Aminosäuren enthalten, allerdings in unterschiedlicher Zusammensetzung, sodass der **Anteil** der einzelnen Aminosäuren erheblich schwanken kann.
Je besser die Aminosäuren-Zusammensetzung eines bestimmten Nahrungseiweißes dem Bedarf des Körpers entspricht, desto weniger muss man davon essen, um diesen Bedarf des Körpers zu decken; d. h., desto höher ist dessen **biologische Wertigkeit**. Diese Wertigkeit hängt ganz wesentlich vom relativen Anteil der **essenziellen Aminosäuren** ab.

In Tabelle 5 werden verschiedene Nahrungsmittel verglichen. Die Zahlen geben die jeweilige Menge an menschlichem Körpereiweiß in Gramm an, die durch 100 g Nahrungseiweiß ersetzt werden können. Aus dieser Tabelle geht hervor, welche Eiweißsorten für die Ernährung des Menschen **besonders wertvoll** sind und welche einen geringeren Wert haben.

Ei	94	Rindfleisch	74	Vollreis	73
Kuhmilch	85	Schweinefleisch	74	Kartoffeln	67
Fisch	76	Hühnerfleisch	74	Weizen	65
Roggen	76	Sojabohnen	73	Mais	59

Tabelle 5
Biologische Wertigkeit von Nahrungsproteinen tierischer und pflanzlicher Herkunft

Dabei ist jedoch zu berücksichtigen, dass sich niemand allein von einer einzigen Eiweißsorte ernährt, sondern immer ein Gemisch verschiedener Nahrungsproteine zuführt. Durch Mischen von Proteinen, die eine hohe biologische Wertigkeit haben, mit Proteinen geringerer Wertigkeit lassen sich Kombinationen erzielen, die die Einzelproteine übertreffen. So hat eine Mischung aus 50% Milchprotein und 50% Weizenprotein (Müsli!) eine biologische Wertigkeit von 109. Den bisher höchsten Wert erreichte eine Mischung aus 35% Eiprotein und 65% Kartoffelprotein (das klassische Bauernfrühstück): 136! Durch Mischungen lassen sich also die weniger wertvollen **pflanzlichen** Nahrungsproteine sehr leicht aufwerten.

3.2 Fette

Fette dienen in erster Linie als Energielieferanten *(vgl. Kap. C.2)*. Einige Fettbausteine werden aber auch zum Aufbau von körpereigenen Substanzen verwendet.

Am wichtigsten sind die **Zellmembranen,** die alle Körperzellen umgeben (*vgl. dazu die mentor Abiturhilfe Zellbiologie*). Sie bestehen zur Hälfte aus fettartigen Substanzen (Lipiden) und aus **Cholesterin**. Die Membranlipide werden aus den Fettsäuren der Nahrungsfette hergestellt. Das Cholesterin wird entweder direkt aus der Nahrung entnommen oder ebenfalls aus fetthaltigen Nahrungsbestandteilen aufgebaut.

Bei den Fettsäuren werden chemisch **ungesättigte** (hauptsächlich in pflanzlichen Ölen) und **gesättigte** (vor allem in tierischen Fetten) unterschieden. Ungesättigte Fettsäuren sind meist langkettig und enthalten eine oder mehrere Doppelbindungen.

Die meisten Fettsäuren kann unser Körper auch aus anderen Nahrungsbestandteilen herstellen (Zwischenprodukte des Fett-, Kohlenhydrat- und Aminosäurestoffwechsels). Einige vor allem in pflanzlichen Ölen vorkommende Fettsäuren müssen jedoch unbedingt mit der Nahrung zugeführt werden. Sie werden in Analogie zu den Aminosäuren als **essenzielle Fettsäuren** bezeichnet.

3.3 Kohlenhydrate

Kohlenhydrate sind ebenfalls vor allem Energielieferanten *(vgl. Kap. C.2)*. Sie machen nur etwa 1% der Körpersubstanz aus, im Wesentlichen gespeichert in Form von Glykogen *(vgl. Kap. C.5.2)*. In geringem Umfang sind sie jedoch auch am Aufbau von körpereigenen Substanzen beteiligt (z.B. **Schleim**).

3.4 Mineralstoffe

Mineralstoffe haben im menschlichen Organismus unterschiedliche biologische Aufgaben. Als Aufbaustoffe sind sie am Aufbau, der Erhaltung und der Erneuerung von **Knochen und Zähnen** beteiligt. Es handelt sich hierbei vor allem um Calcium, Phosphat und Magnesium. Alle anderen Mineralstoffe sind wichtige Stoffwechselregulatoren *(vgl. Kap. C.4.2)*.

3.5 Wasser

Wasser ist der vielleicht lebenswichtigste Stoff, den wir mit der Nahrung aufnehmen. Ohne Wasser kann ein Mensch nur ein paar Tage überleben, ohne feste Nahrung dagegen ein paar Wochen. Unser Körper besteht zu 50–60% aus Wasser. Zwei Drittel davon befindet sich innerhalb der Zellen, der Rest zwischen den Zellen und im Blut.

Die Bedeutung des Wassers ergibt sich vor allem aus seinen Funktionen als **Transport-** und **Lösungsmittel**. Die meisten Substanzen, aus denen unser Körper besteht, sind wasserlöslich und können daher nur in Wasser gelöst transportiert werden. Außerdem laufen alle **chemischen Reaktionen** in unserem Körper nur in **wässriger Umgebung** ab. Wir verlieren täglich etwa 1 Liter Wasser durch **Verdunstung** über die Haut und durch die Atemluft und etwa 1,5 Liter durch **Ausscheidung** mit Harn und Kot. Für die Aufrechterhaltung der Körperfunktionen ist aber eine ausgeglichene **Wasserbilanz** unerlässlich. Unser Körper benötigt deshalb täglich etwa 2,5 Liter Wasser. Davon werden in der Regel etwa 1,2 Liter mit Getränken und flüssiger Nahrung aufgenommen, etwa 1 Liter ist in fester Nahrung enthalten, und etwa 0,3 Liter entstehen im Zellstoffwechsel („*Oxidationswasser*", *vgl. Kap. A.3.4*).

Körperliche Tätigkeiten, die mit starkem Schwitzen verbunden sind, führen zu größeren Wasserverlusten, sodass der Wasserbedarf auf deutlich mehr als 2,5 Liter pro Tag ansteigen kann. In diesen Fällen ist eine zusätzliche Flüssigkeitsaufnahme absolut lebensnotwendig. Bereits geringer Wassermangel führt zur Minderung des Leistungsvermögens. Ein Wasserdefizit von 10% des Körpergewichts erzeugt Krankheitserscheinungen, eines von 15–25% ist tödlich.

4. Nahrung als Lieferant von Wirkstoffen

Neben den Brennstoffen für den Energiestoffwechsel und den Aufbaustoffen für den Baustoffwechsel gibt es noch eine dritte Gruppe von Nahrungsbestandteilen, die für die **Verwertung** der aufgenommenen Brenn- und Aufbaustoffe unentbehrlich sind; sie können als **Wirkstoffe** bezeichnet werden. Zu ihnen gehören die Vitamine sowie die Mineralstoffe und Spurenelemente.

4.1 Vitamine

Vitamine sind für den Stoffwechsel unseres Körpers unentbehrliche Substanzen, die unser Organismus **selbst nicht herstellen** kann. Sie müssen deshalb regelmäßig und in ausreichender Menge mit der Nahrung aufgenommen werden. Wichtige **Quellen** für Vitamine und deren Vorstufen (die Provitamine) sind pflanzliche Nahrungsmittel (Gemüse, Obst). Aber auch das Fleisch Pflanzen fressender Tiere kommt als Vitaminquelle in Frage.

Ein wichtiger Unterschied besteht in den Lösungseigenschaften der Vitamine. Es gibt **wasserlösliche** Vitamine, die bei Überdosierung wieder ausgeschieden werden, und **fettlösliche**, die im Fettgewebe des Körpers gespeichert werden. Die meisten Vitamine sind im Stoffwechsel unseres Körpers an der Verwertung der übrigen Nahrungsbestandteile beteiligt: Sie wirken als **Koenzyme** *(vgl. Kap. A.2.3.6)*. Das gilt vor allem für die wasserlöslichen Vitamine. Genauere Angaben sind in Tabelle 6 enthalten.

	Name	chemische Bezeichnung	biologische Funktion
wasserlösliche Vitamine	B_1	**Thiamin**	Koenzym im Kohlenhydratstoffwechsel
	B_2	**Riboflavin**	Koenzym im Energiestoffwechsel
	B_6	**Pyridoxin**	Koenzym im Eiweißstoffwechsel
	B_{12}	**Cobalamin**	Koenzym im Baustoffwechsel
		Nicotinamid	Koenzym im Energiestoffwechsel
		Folsäure	Koenzym im Baustoffwechsel
		Biotin	Koenzym im gesamten Stoffwechsel
		Pantothensäure	Koenzym im Energiestoffwechsel
	C	**Ascorbinsäure**	aktiviert viele Enzyme, steigert die Immunabwehr
fettlösliche Vitamine	A	**Retinol**	Bestandteil des Sehfarbstoffs
	D	**Calciferol**	reguliert den Calciumgehalt im Blut
	E	**Tocopherol**	schützt Zellmembranen vor Zerstörung
	K	**Phyllochinon**	ist an der Blutgerinnung beteiligt

Tabelle 6
Vitamine

Die Bezeichnung der einzelnen Vitamine mit großen Buchstaben geht auf die Zeit zurück, als ihre chemische Beschaffenheit noch nicht bekannt war. Für alle Vitamine gibt es inzwischen aber auch wissenschaftliche Namen (z.B. Vitamin C = Ascorbinsäure).

Der **Vitaminbedarf** ist von verschiedenen Faktoren wie Alter, Geschlecht, Gesundheitszustand und Nahrungszusammensetzung abhängig. Alle Angaben für eine **empfohlene Vitaminzufuhr** pro Tag sind also nur als grobe Richtwerte zu verstehen. Die **Vitaminversorgung** stellt heutzutage für die Menschen in den Industrieländern kein ernsthaftes Problem mehr dar, sodass die klassischen Vitamin-Mangelkrankheiten wie Skorbut (durch Mangel an Vitamin C) oder Rachitis (durch Mangel an D) keine Rolle mehr spielen. Das bedeutet aber nicht, dass wir uns immer optimal mit allen Vitaminen versorgen. Viele Ernährungswissenschaftler gehen auch bei uns von einer **unzureichenden** Vitaminversorgung aus.

Eine Unterversorgung mit Vitaminen führt zwar nicht direkt zu Krankheiten, kann sich aber in Störungen des Wohlbefindens, in verminderter Leistungsfähigkeit und größerer Anfälligkeit gegenüber Infektionen bemerkbar machen. Das gilt vor allem für die Vitamine B_1 und C.

Die wichtigsten **Ursachen** für eine Unterversorgung mit Vitaminen werden in **einseitiger Ernährung** sowie **unsachgemäßer Behandlung** von Lebensmitteln gesehen. Eine **Unterversorgung mit Vitamin** B_1 kann durch zwei verbreitete Ernährungsfehler entstehen:

Zum einen entsteht durch den häufigen Verzehr von **Süßigkeiten,** die bekanntlich sehr viel Zucker enthalten, ein hoher Bedarf an Vitamin B_1, weil dieses Vitamin als Koenzym an der Verarbeitung des Zuckers beteiligt ist. Süßigkeiten sind also richtige „B_1-Räuber“, zumal in den meisten so gut wie kein Vitamin B_1 enthalten ist.

Zum anderen sind Getreidekörner eine der besten Vitamin-B_1-Quellen. Allerdings ist das Vitamin nicht gleichmäßig im Getreidekorn verteilt, sondern findet sich vor allem im Keimling. Der aber wird beim Mahlen von sogenanntem Weißmehl entfernt. Alle daraus hergestellten Nahrungsmittel (Brötchen, Brote, Kuchen, Nudeln) enthalten also nur geringe Mengen an Vitamin B_1. Für die Verarbeitung der Stärke in diesen Nahrungsmitteln benötigt unser Körper aber Vitamin B_1 als Koenzym!

Einige Vitamine werden durch Einwirken von Hitze beim Kochen oder durch enzymatischen Abbau zerstört. Zu lange Lagerung von Nahrungsmitteln, zu langes Kochen und mehrmaliges Aufwärmen von Speisen führen unweigerlich zu **Vitaminverlusten**, deren Ausmaß für die einzelnen Vitamine recht unterschiedlich sein kann.

4.2 Mineralstoffe und Spurenelemente

Mineralstoffe und Spurenelemente sind unentbehrliche chemische Substanzen, die unser Körper vor allem für die Aufrechterhaltung seiner Stoffwechselvorgänge benötigt. Außerdem ist unser Organismus auf eine konstante mineralische Zusammensetzung seiner Körperflüssigkeiten angewiesen. Meist reichen **sehr geringe Mengen** dieser Substanzen aus (z.T. eben nur Spuren!). Da sie ständig mit Schweiß, Urin und Kot ausgeschieden werden, ist ein Ersatz über die Nahrungsaufnahme erforderlich. Tabelle 7 gibt einen Überblick über die biologischen Funktionen der Mineralstoffe und Spurenelemente *(vgl. auch Kap. A.2.3.3)*.

	chemische Bezeichnung	biologische Funktion
Mineralstoffe	**Calcium**	Knochen- und Zahnaufbau, Stoffwechsel
	Phosphat	Knochen- und Zahnaufbau, Stoffwechsel
	Magnesium	Knochen- und Zahnaufbau, Stoffwechsel
	Kalium	Nerven- und Muskelerregung, Stoffwechsel
	Natrium	Nerven- und Muskelerregung, Wasserhaushalt
	Chlorid	Wasserhaushalt, Säurebildung im Magen
Spurenelemente	**Eisen**	Bestandteil von Hämoglobin, Stoffwechsel
	Iod	Bestandteil der Schilddrüsenhormone
	Zink	aktiviert viele Enzyme, steigert die Immunabwehr
	Kupfer	Bestandteil von Enzymen, aktivierend
	Mangan	Bestandteil von Enzymen, aktivierend
	Selen	schützt Zellmembranen, steigert die Immunabwehr
	Kobalt	Bestandteil von Vitamin B_{12}

Tabelle 7
Mineralstoffe und Spurenelemente

5. Stoffwechsel der Nährstoffe

5.1 Verdauung der Nährstoffe

Wenn wir etwas verspeisen, gelangt die Nahrung zuerst in das **Verdauungssystem** unseres Körpers. Die Nährstoffe sind nämlich viel zu groß, um durch die Membranen zu gelangen, die alle Körperzellen umgeben. Deshalb müssen die Nährstoffe zunächst **zerkleinert** werden. Genau das passiert bei der **Verdauung**. Die Zerkleinerung erfolgt zum Teil **mechanisch** (z.B. durch Kauen), zum größten Teil jedoch **chemisch** durch die Einwirkung von Enzymen.

Einen Überblick über die **Verdauungsorgane** und ihre Aufgaben bei der Verdauung gibt Abbildung 19 *(S. 30/31)*.

Unser **Verdauungssystem** gleicht – grob vereinfacht – einem langen **Rohr** (bestehend aus Mundhöhle, Speiseröhre, Magen, Dünn- und Dickdarm) mit anhängenden **Drüsen** (Mundspeicheldrüsen, Bauchspeicheldrüse, Leber).

Wir verfolgen den Weg der Nahrung durch unser Verdauungssystem an einem alltäglichen Beispiel: einer Scheibe Vollkornbrot, mit etwas Butter bestrichen und belegt mit Käse und einer Scheibe Tomate.

5.1.1 Verdauung im Mund

Zuerst gelangt die Nahrung in die Mundhöhle. Wir beißen mit den Schneidezähnen ein Stück vom Brot ab und zerkauen es anschließend mit den Mahlzähnen. Durch das **Kauen** wird die Nahrung mechanisch zerkleinert und mit **Speichel** durchmischt. Die Speichelflüssigkeit wird von zahlreichen **Speicheldrüsen** im Mundbereich produziert.

Speichel besteht im Wesentlichen aus **Wasser, Schleim** und **α-Amylase,** einem Verdauungsenzym. Wasser und Schleim machen den Nahrungsbrei gleitfähig, sodass er leicht geschluckt und durch die Speiseröhre weitergeleitet werden kann. Die α-Amylase leitet die chemische Verdauung ein: Sie spaltet die im Brot enthaltene **Stärke,** die aus Tausenden von Traubenzuckermolekülen besteht, in kleinere Bruchstücke aus jeweils zwei Molekülen Traubenzucker, genannt **Malzzucker** *(***Maltose,** *vgl. Abb. 94)*. Wie viel Stärke verdaut wird, hängt vor allem davon ab, wie ausgiebig der Bissen gekaut wird.

In der Mundhöhle findet auch eine **Begutachtung** der Nahrung statt. Die **Zunge** besitzt Sinneszellen, die allerdings nur zwischen süß, salzig, sauer und bitter unterscheiden können. Wenn uns ein Bissen zu scharf erscheint, werden Schmerzsinneszellen erregt. Erst zusammen mit den Meldungen der Riechsinneszellen in der **Nase** erhalten wir einen umfassenden Eindruck vom **Geschmack** einer Speise.

Zur Weiterleitung in den Magen wird der Nahrungsbrei in geeigneten Portionen in die **Speiseröhre** gedrückt. Die muskulöse Speiseröhre befördert die Nahrungsportionen **aktiv** weiter bis zum Mageneingang (Peristaltik).

Versuch

V08 Stellen Sie etwa gleich große Stücke von Apfel, Karotte und Sellerie her. Eine Versuchsperson mit verbundenen Augen und zugehaltener Nase soll sagen, was sie schmeckt.

5.1.2 Verdauung im Magen

Der Magen ist ein sackartiges Gebilde, das dehnbare Wände hat und deshalb ein Fassungsvermögen von 1 bis 3 Litern besitzt. Die im Magen ankommenden Nahrungsportionen werden zunächst in Schichten gestapelt. Sobald eine gewisse Menge zusammengekommen ist, wird durch die Dehnung der Magenwand reflektorisch ein Zusammenziehen der Muskeln in der Magenwand ausgelöst. Durch diese Bewegungen des Magens wird der Nahrungsbrei intensiv mit den Magensäften durchmischt und langsam Richtung Magenausgang („Pförtner“) geschoben.

Der **Magensaft** wird von bestimmten Zellen in der Magenwand hergestellt. Er besteht im Wesentlichen aus Wasser, **Salzsäure**, dem Verdauungsenzym **Pepsin** und **Schleim**. Durch die **Salzsäure** wird der Mageninhalt stark angesäuert, wodurch sich der pH-Wert verschiebt. Die Säure kann jeder bei „Sodbrennen“ auch schmecken.

Definition

Mit dem pH-Wert wird ausgedrückt, wie sauer oder alkalisch eine Flüssigkeit ist. Je saurer eine Flüssigkeit ist, desto niedriger ist der pH-Wert. Je höher der pH-Wert ist, desto alkalischer ist eine Flüssigkeit. Bei einem pH-Wert von 7 ist eine Flüssigkeit neutral.

In Abbildung 99 sind der pH-Wert-Skala, die von 0 bis 14 reicht, einige Lebensmittel als Beispiele zugeordnet. Der Magensaft ist noch saurer als Zitronensaft. Er hat pH-Werte von 1–2. Unter diesen Bedingungen **gerinnen** die meisten Proteine.

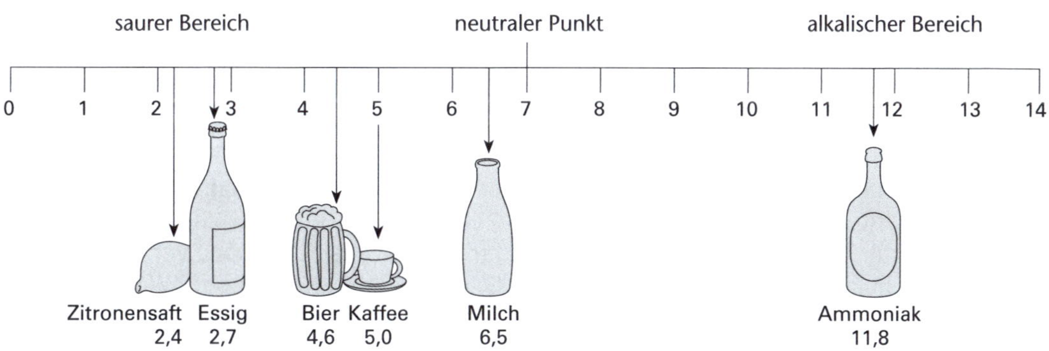

Abb. 99
Die pH-Wert-Skala

Versuch

V09 Geben Sie den Saft einer Zitrone in ein Glas und setzen Sie tropfenweise Milch zu.

Von diesem Gerinnungsvorgang bleiben auch die mit der Nahrung aufgenommenen mikroskopisch kleinen Bakterien und Pilze nicht verschont; sie werden dadurch meistens abgetötet („Desinfektionsschleuse“). Die Salzsäure des Magens gehört also zu den **unspezifischen Abwehrmechanismen** unseres Körpers.

Das Verdauungsenzym des Magens, das Pepsin, ist an dieses saure Milieu hervorragend angepasst. Es wird erst in Gegenwart von Salzsäure besonders aktiv *(vgl. Kap. A.3.1.2)*. Außerdem wird das Enzym zunächst als unwirksame **Vorstufe** (Pepsinogen) von Drüsenzellen der Magenwand freigesetzt und erst durch die Salzsäure in wirksames Pepsin umgewandelt. Pepsin zerlegt die **Proteine** im Nahrungsbrei in kleinere Bruchstücke, die als **Peptide** bezeichnet werden *(vgl. Abb. 19, S. 31)*.

Die Eiweißverdauung im Magen wirft aber eine Frage auf: Die Zellen des Magens bestehen zu einem nicht unerheblichen Teil selbst aus Eiweiß. Weshalb werden sie nicht vom Pepsin und der Salzsäure angegriffen? Der Magen schützt sich vor dieser Selbstverdauung durch eine dünne **Schleimschicht**, die das Mageninnere vollständig auskleidet. Die Schleimstoffe können miteinander verkleben und so die Magenwand regelrecht abdichten.

Der Schleim wird normalerweise kontinuierlich von bestimmten Zellen der Magenwand hergestellt. Wird die Schleimbildung jedoch gestört, unterbleibt die Schutzwirkung und es kann zu Magenschleimhautentzündungen oder sogar Magengeschwüren kommen. Ein weiterer Schutzmechanismus besteht darin, dass geschädigte Zellen durch einen als „rapid repair“ bezeichneten Vorgang dadurch ersetzt werden können, dass Zellen aus tiefer liegenden Schichten nachrücken.

Wie lange der Nahrungsbrei im Magen bleibt, hängt sehr von seiner Zusammensetzung ab. Leicht verdauliche Speisen wie gekochte Kartoffeln, gekochter Reis oder gekochter Fisch werden schneller weiterbefördert als Schwerverdauliches. Fettreiche Speisen liegen am längsten im Magen (bis zu 10 Stunden!), obwohl im Magen gar keine Fette verdaut werden. Die Fettverdauung beginnt im folgenden Zwölffingerdarm, in den der Nahrungsbrei portionsweise befördert wird.

Sobald ein Teil des Mageninhaltes den Zwölffingerdarm erreicht hat, werden die Magenbewegungen durch hormonelle und nervöse Signale **gehemmt**, sodass kein weiterer Nahrungsbrei nachgeschoben wird. Dadurch haben die Verdauungssäfte, die im Zwölffingerdarm dem Nahrungsbrei zugesetzt werden, genügend Zeit, um einwirken zu können, bevor der Nahrungsbrei in andere Darmabschnitte gelangt. Die Hemmung der Magenbewegungen hängt von der Zusammensetzung des Nahrungsbreis ab: Fetthaltige Speisen hemmen stärker als Kohlenhydrate und Eiweiße.

5.1.3 Verdauung im Dünndarm

Der Dünndarm ist ein etwa 3 Meter langer Schlauch, der vielfach gewunden den Bauchraum ausfüllt. Die Mediziner unterteilen ihn in unterschiedlich lange Abschnitte. Am wichtigsten ist der **Zwölffingerdarm** (der etwa so lang ist wie zwölf Finger breit sind). In ihn münden die Ausführgänge der Leber und der Bauchspeicheldrüse *(vgl. Abb. 19, S. 30)*.

In der **Leber** wird der **Gallensaft** produziert. Gallensaft ist eine Mischung aus Gallenfarbstoffen aus dem Abbau von Hämoglobin, Gallensäuren und Wasser. Wie Abbildung 100 zeigt, tragen die **Gallensäuren** dazu bei, dass die im Nahrungsbrei enthaltenen Fette, die in der Regel zusammengeklumpt sind (Fett ist nicht wasserlöslich!), in feinste Tröpfchen zerteilt werden; das nennt man **emulgieren**. Durch diese **Oberflächenvergrößerung** werden die Fette für die wasserlöslichen Verdauungsenzyme leichter zugänglich.

Jetzt wird auch verständlich, weshalb Fette eine besonders große Hemmwirkung auf die

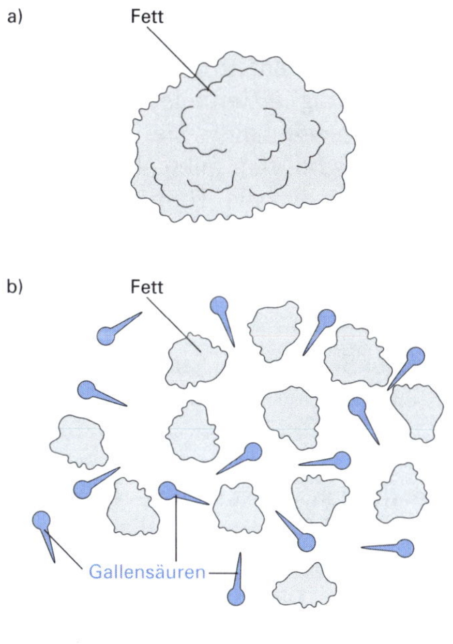

Abb. 100
a) nicht emulgiertes Nahrungsfett, b) Oberflächenvergrößerung durch Emulgieren mit Gallensäuren

Magenentleerung haben: Ohne eine ausreichende Emulgierung wäre die Fettverdauung nicht möglich.

Um zu gewährleisten, dass nicht ständig Gallensaft in den Dünndarm läuft, wird der Gallensaft zunächst in der Gallenblase gesammelt. Erst wenn fettreicher Nahrungsbrei in den Zwölffingerdarm gelangt, wird die Gallenblase entleert. Der Gallensaft gelangt dann gleichzeitig mit dem Verdauungssaft der Bauchspeicheldrüse in den Darm.

Die **Bauchspeicheldrüse** ist die wichtigste Verdauungsdrüse in unserem Körper. Sie produziert die meisten Verdauungsenzyme und bildet die Hormone zur Regulation des Blutzuckerspiegels *(vgl. dazu die mentor Abiturhilfe Nerven, Sinne, Hormone)*. Der **Bauchspeichel** besteht im Wesentlichen aus Wasser, verschiedenen Verdauungsenzymen und Natron (chemisch exakt: Natriumhydrogencarbonat). Zu den Verdauungsenzymen gehören: eine **α-Amylase,** die – wie das entsprechende Enzym im Mund – Stärke in Malzzucker verwandelt, und eine **Maltase,** die den Malzzucker schließlich in zwei **Traubenzuckermoleküle** spaltet; eine **Lipase,** die **Fette** in **Glycerin** und **Fettsäuren** zerlegt; zwei weitere Enzyme, **Trypsin** und **Chymotrypsin,** die Proteine in kleinere Peptide zerlegen, und schließlich **Erepsin,** das die Peptide in einzelne **Aminosäuren** auftrennt.

Diese Enzyme sind am aktivsten, wenn ihre Umgebung leicht **alkalisch** ist. Das entspricht etwa einem pH-Wert von 8 *(vgl. Abb. 99)*. Nun kommt aber **saurer** Nahrungsbrei aus dem Magen. Unter diesen Bedingungen wären die Verdauungsenzyme der Bauchspeicheldrüse sehr träge. Deshalb enthält der Bauchspeichel **Natriumhydrogencarbonat.** Dieser Stoff neutralisiert die Magensäure und sorgt für das alkalische Milieu.

Durch die Enzyme des Bauchspeichels werden die meisten Nährstoffe endgültig in Bausteine zerlegt, die die Darmwand passieren können. Den Rest erledigen die Verdauungsenzyme, die vom **Dünndarm** abgegeben werden. Diese Enzyme gelangen auf ganz ungewöhnliche Weise an den Nahrungsbrei: Sie sitzen in den Membranen von **Schleimhautzellen,** die als Ganzes abgestoßen werden. Die Sekrete des Dünndarms enthalten auch **Schleim,** der die Darmwand vor Selbstverdauung schützen soll.

5.1.4 Resorption der Nährstoffe

Was ist aus unserem Käsebrot mit Tomate geworden? Die **Stärke** des Vollkornmehls, aus dem das Brot gebacken wurde, ist vollständig in die kleinsten Bestandteile, in **Traubenzucker,** zerlegt. Die **Eiweiße** aus Käse und Butter wurden vollständig in die verschiedenen **Aminosäuren** aufgespalten. Die **Fette** aus Käse und Butter sind größtenteils in **Glycerin** und **Fettsäuren** zerlegt. Die **Vitamine**, die **Mineralstoffe** und das **Wasser** (vor allem aus der Tomate) haben den Verdauungsvorgang ohne Veränderung überstanden.

Die Endprodukte der Stärke-, Eiweiß- und Fettverdauung werden zusammen mit den Vitaminen und den Mineralstoffen von den Schleimhautzellen der unteren Dünndarmabschnitte aufgenommen. Die Bausteine der Eiweiße (die **Aminosäuren**) und der Stärke (der **Traubenzucker**) werden in die **Blutkapillaren** der Darmwand weitertransportiert, die Bausteine der Fette (**Glycerin** und **Fettsäuren**) gelangen zunächst in die Kapillaren des Lymphsystems, erreichen aber mit dem **Lymphstrom** in der Nähe des Herzens ebenfalls das Blut.

Die Dünndarmwand ist für diese **Resorption*** der Nährstoffe zweckmäßig gebaut *(zum Bau-/Funktionszusammenhang vgl. die mentor Abiturhilfe Zellbiologie)*. Wie Abbildung 101 zeigt, ist durch verschiedene Ausstülpungen die **Oberfläche extrem vergrößert**.

Wäre der Dünndarm nur ein einfacher Schlauch von 3 m Länge und 4 cm Durchmesser, würde seine Innenfläche etwa 0,3 m^2 betragen. Durch die Ausbildung von **Falten** vergrößert sich die Fläche auf etwa 1 m^2.

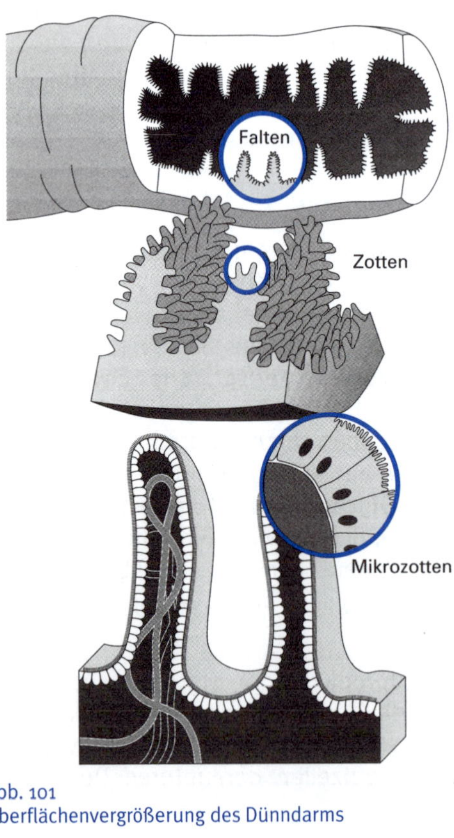

Abb. 101
Oberflächenvergrößerung des Dünndarms

Aus den Falten ragen kleinere **Zotten**, welche die Innenfläche auf 10 m^2 vergrößern. Den größten Beitrag leisten allerdings die Zellen der Darmschleimhaut. Sie besitzen zum Darminnenraum hin mikroskopisch kleine **Mikrozotten**, die die Darmoberfläche auf **200 m^2** vergrößern. Das entspricht der Größe eines Tennisplatzes. Die **Resorptionskapazität** des Dünndarms ist durch diese Oberflächenvergrößerung **600-fach größer** als bei der Schlauch-Variante.

5.1.5 Die Bedeutung der Ballaststoffe

Einige Nahrungsbestandteile werden allerdings gar nicht oder nur bedingt resorbiert. Das gilt vor allem für eine Stoffgruppe: die **Ballaststoffe**. Dabei handelt es sich im Wesentlichen um Faserstoffe, aus denen die Zellwände von Pflanzen aufgebaut sind, vor allem um **Zellulose**. Sie gehört chemisch zur Gruppe der Kohlenhydrate, denn sie besteht – wie die Stärke – aus Tausenden von Traubenzuckermolekülen. Unser Körper kann Zellulose nicht abbauen, weil wir **kein Verdauungsenzym** für Zellulose besitzen.

Dies verleitete ursprünglich zu der Annahme, dass es sich um einen überflüssigen, die Verdauungsorgane unnötig **belastenden Stoff** handelt, der gemieden werden sollte. Vermutlich stammt daher auch die Bezeichnung „Ballaststoff“. Weit gefehlt! Ballaststoffe haben so viele positive Wirkungen, dass sie heute zu den **unverzichtbaren** Nahrungsbestandteilen gerechnet werden.

Ballaststoffe binden viel Wasser und sorgen auf diese Weise für eine **Volumenzunahme** des Nahrungsbreis. Das führt zu einer **verzögerten** Entleerung des Magens und damit zu einem größeren **Sättigungseffekt** *(siehe dazu Kap. C.6)*. Durch die bessere Darmfüllung werden die **Darmbewegungen** gefördert, was zu einer Verkürzung der Darmpassagezeit und zu regelmäßigem **Stuhlgang** führt. Ballaststoffe binden außerdem viele weitere, zum Teil auch **giftige** Substanzen, die zunehmend unsere Nahrungsmittel belasten, u.a. Substanzen, die **Krebs** hervorrufen können.

5.1.6 Vorgänge im Dickdarm

Der Dünndarm mündet in den Dickdarm *(vgl. Abb. 19, S. 30)* allerdings seitlich, sodass der Dickdarm nicht übergangslos aus dem Dünndarm hervorgeht, sondern an dieser Stelle „blind“ endet. An diesem **Blinddarm** sitzt ein etwa 10 cm langer **Wurmfortsatz**, der sich entzunden kann und dann durch eine Operation entfernt werden muss, damit es nicht zu einer schweren Bauchfellentzündung kommt.

Der Dickdarm heißt so, weil er erstens mit 5–8 cm Durchmesser **dicker** ist als der Dünndarm, und weil hier zweitens der Nahrungs(reste)brei **eingedickt** wird. Das geschieht durch die **Resorption von Wasser**. Dieses Wasser stammt nur zu einem geringen Anteil aus der aufgenommenen Nahrung; das meiste wurde dem Nahrungsbrei mit den Verdauungssäften zugeführt. Um den Wasserverlust unseres Körpers so gering wie möglich zu halten, wird der größte Teil im Dickdarm zurückgewonnen. Zusammen mit dem Wasser werden **Mineralstoffe** und **Vitamine** resorbiert.

Einige Vitamine werden in diesem Darmabschnitt erst hergestellt, und zwar von **Bakterien**, die hier in großer Zahl leben (etwa 100 Milliarden in einem Gramm Nahrungsbrei!). Diese **Darmflora** hat aber noch andere biologische Aufgaben: Sie verhindert vermutlich die Besiedlung des Darmes mit Krankheitserregern und stimuliert das Abwehrsystem. Der eingedickte Speisebreirest, der als **Kot** durch den **Mastdarm** ausgeschieden wird, kann bis zu 75% aus diesen Bakterien bestehen.

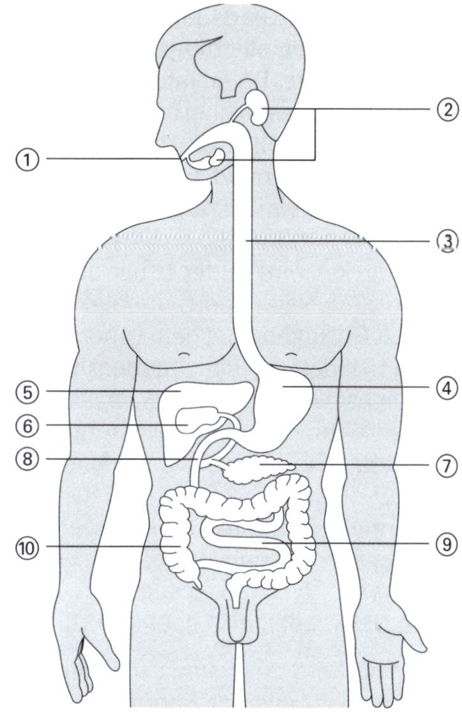

Abb. 102
Übersicht über das Verdauungssystem

Aufgabe

Co4

a) Benennen Sie die in Abbildung 102 dargestellten Verdauungsorgane.

b) Unterstreichen Sie die Verdauungsorgane, die Verdauungsenzyme herstellen.

c) Schraffieren Sie mit einem Bleistift die Flächen der Organe, in denen Verdauungsvorgänge stattfinden.

5.2 Speicherung von Nährstoffen

Unser Körper verbraucht ständig Nährstoffe zur Aufrechterhaltung der Stoffwechselvorgänge. Theoretisch müssten wir also ständig essen, um die verbrauchten Nährstoffe zu ersetzen. Tatsächlich essen wir aber nur zu bestimmten Zeiten; jeder Mensch individuell mit unterschiedlichen Abständen und Mengen. Wie soll der Körper da zurechtkommen?

Unser Körper legt nach jeder Nahrungsaufnahme **Depots** an, allerdings **nur für Kohlenhydrate und Fette**. Da Aminosäuren nicht zur Vorratshaltung gespeichert werden können, ist in diesem Fall nur das vorhandene Körpereiweiß ein potenzielles Depot. Deshalb ist die regelmäßige Zufuhr einer ausreichenden Eiweißmenge so lebenswichtig!
Traubenzucker wird in der Leber und in den Muskeln zu riesigen Speichermolekülen verkettet: zu **Glykogen**. Aus dem Leberglykogen kann bei Bedarf wieder Traubenzucker ins Blut freigesetzt werden. Das Muskelglykogen dient nur der Energieversorgung der Muskulatur. Ein Erwachsener kann allerdings nur so viel Glykogen aufbauen, dass der **Energiebedarf eines Tages** gedeckt werden kann. Alle Kohlenhydrate, die nicht mehr in Form von Glykogen gespeichert werden können, verwandelt die Leber in **Fett**.

Dieses Fett wird zusammen mit dem überschüssigen Fett aus der Nahrung in **Fettzellen** deponiert, die sich vor allem im Bindegewebe unter der Haut befinden. In den Industrieländern haben Erwachsene im Durchschnitt so viel Fett gespeichert, dass sie **einen Monat** ohne Nahrung auskommen könnten. **Übergewicht** beruht in der Regel auf solchen Fettdepots. Dabei können sich die Fettzellen **vermehrt** oder **vergrößert** haben. Vergrößerte Fettzellen können durch eine Diät wieder verkleinert werden, während uns die neu gebildeten Fettzellen bis ans Lebensende erhalten bleiben und tagtäglich ihren Tribut fordern *(siehe dazu Kap. C.6)*.

5.3 Ausscheidung von Stoffwechselabfällen

Bei den Stoffwechselreaktionen, die sich in den Zellen unseres Körpers abspielen, entstehen Substanzen, die für den Organismus nicht mehr nutzbar oder sogar schädlich sind. Sie müssen aus dem Körper entfernt werden. Die wichtigsten **Ausscheidungsorgane** sind – neben dem **Darm** und der **Lunge** – die **Haut** und die **Nieren**.

Die **Haut** ist nicht einfach eine Begrenzung unseres Körpers, die die Organe im Inneren zusammenhält, sondern selbst ein aktives Organ. Auf einer Fläche von etwa 2 m² beim Erwachsenen befinden sich rund 2,5 Millionen **Schweißdrüsen**. Sie bestehen aus einem mikroskopisch kleinen Drüsenschlauch, der in der Unterhaut ein Knäuel bildet. Dieses Knäuel ist von Blutkapillaren durchzogen, die der Drüse die auszuscheidenden Stoffe zuführen. Der abgesonderte **Schweiß** ist ein Gemisch, das vor allem aus **Wasser** und, wie der Geschmack verrät, aus **Salz** besteht. Die Schweißabgabe hängt sehr vom Ausmaß der körperlichen Betätigung ab *(vgl. Kap. C.3.5)*. Mit der Wasserverdunstung leitet unser Körper einen Teil der überschüssigen **Wärme** ab, die im Energiestoffwechsel gebildet wird.

Die **Nieren** haben in unserem Körper zwei Aufgabenbereiche. Sie scheiden zum einen die meisten der im Stoffwechsel anfallenden Abfallstoffe aus, und sie sorgen zum anderen dafür, dass die Wasserbilanz des Körpers immer stimmt. Die in den Nieren ausgeschiedene Flüssigkeit wird mitsamt der in ihr gelösten Stoffe als **Harn** oder **Urin** über die Harnleiter in die **Harnblase** geleitet und von dort in Abständen über die Harnröhre entleert.
Als häufigster Abfallstoff entsteht im Eiweißstoffwechsel **Ammoniak**, ein starkes Zellgift. Es wird in der **Leber** in ungiftigen **Harnstoff** verwandelt, der ans Blut abgegeben und über die Nieren mit dem Harn ausgeschieden wird.
Die beiden Nieren bestehen aus etwa 1–2 Millionen mikroskopisch kleinen Bauelementen, den Nierenkanälchen. Jedes einzelne bildet am Tag nur ein winziges Tröpfchen Harn, aber alle zusammen kommen auf etwa 1,5 Liter.
Abbildung 103 zeigt ein solches **Nierenkanälchen** (Nephron) in starker Vergrößerung.

Es besteht aus einer doppelwandigen Kapsel, dem **Nierenkörperchen** (a), in das Flüssigkeit aus dem Blut abgepresst wird, und aus dem **Harnkanälchen** (b), in dem die

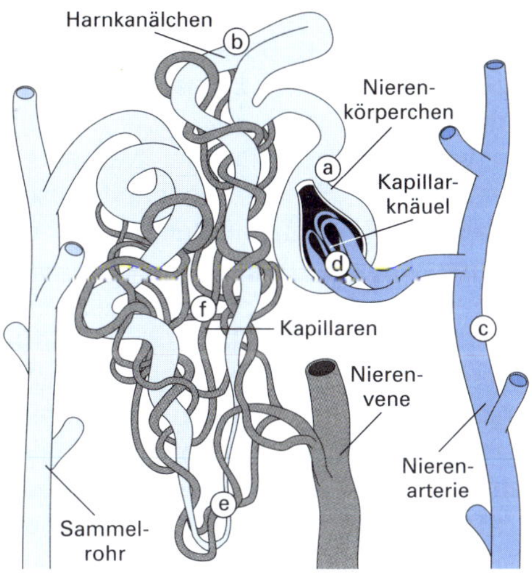

Abb. 103
Schema eines Nierenkanälchens

abgefilterte Flüssigkeit konzentriert wird. Die Länge aller Harnkanälchen wird auf etwa 100 km geschätzt! In jedes Nierenkörperchen führt ein kleines Blutgefäß (c), das sich im Inneren in ein Knäuel von Kapillaren auffächert (d), sodass das Blut über eine große Oberfläche mit dem Nierenkanälchen in Kontakt kommt.

Die abgepresste Blutflüssigkeit wird als **Primärharn** bezeichnet. Sie enthält außer Wasser vor allem Traubenzucker, Harnstoff und Kochsalz. Von jedem Liter Blut, der durch die Nieren fließt, werden etwa 20% als Primärharn herausgefiltert. Das sind pro Tag rund 150 Liter. Da wir aber täglich nur etwa 1,5 Liter Harn ausscheiden, bedeutet dies, dass in den Harnkanälchen bis zu 99% des Wassers ins Blut zurücktransportiert werden. Außerdem werden dem Primärharn alle Stoffe entzogen, die der Organismus noch gebrauchen kann, also Traubenzucker, Aminosäuren, Vitamine, Mineralstoffe. Für diese Rückresorption bildet ein Harnkanälchen eine Schleife (e), die von vielen kleinen Blutkapillaren umsponnen ist (f) *(vgl. Abb. 103)*.

Wie viel Wasser rückresorbiert wird, hängt von der Wasserbilanz unseres Körpers ab. Bei starkem Wasserverlust, z.B. durch Schwitzen, wird das Blut etwas dickflüssiger. Die Hypophyse *(vgl. dazu die mentor Abiturhilfe Nerven, Sinne, Hormone)* setzt daraufhin ein **Hormon** frei, das die Wasserdurchlässigkeit der Harnkanälchen erhöht. Dem Primärharn wird dann vermehrt Wasser entzogen, der Harn wird konzentrierter und die Harnmenge geringer. Der gleichzeitig auftretende **Durst** sorgt für ein Auffüllen des Körperwassers.

Aufgabe

C05 Was passiert, wenn das Blut durch eine große Flüssigkeitsaufnahme verdünnt wird?

6. Die Regulation der Nahrungsaufnahme

Unser Organismus verbraucht tagtäglich eine bestimmte Menge an Nährstoffen zur Erhaltung seiner Lebensvorgänge und seiner Leistungsfähigkeit. Die Nährstoffe werden dem Körper durch die Aufnahme von Nahrung zugeführt. Diese Zufuhr erfolgt in der Regel **bedarfsgerecht**, d.h., die meisten Menschen essen und trinken – mit geringfügigen Abweichungen – gerade so viel, wie der Körper benötigt. Das erscheint selbstverständlich; es beruht allerdings auf einer erstaunlichen Steuerungsleistung unseres Körpers, an der Nervensystem und Hormonsystem beteiligt sind *(vgl. dazu die mentor Abiturhilfe Nerven, Sinne, Hormone)*. Der Körper reguliert dabei die drei W's: **wann**, **was** und **wie viel**.

Wann: Der Körper registriert eine Verschlechterung seines Versorgungszustandes. Dann werden entsprechende Signale an das **Hungerzentrum** im Gehirn (genauer: im Hypothalamus) geleitet. Das **Hungergefühl**, das dabei entsteht, verleitet uns zum Essen. Wir fühlen das meist als „knurrenden" Magen, aber diese unangenehmen Magenkrämpfe tragen wenig zum Hungergefühl bei. Fehlender Traubenzucker, Verringerung der Wärmebildung und Fettabbau sind die entscheidenden Hungerauslöser *(vgl. Abb. 104 oben)*. Und natürlich die Uhr! Wir Menschen lernen schon sehr früh, dass zu bestimmten Zeiten gegessen wird. Der Körper gewöhnt sich daran und entwickelt dann „rechtzeitig" Hungergefühle. Leider führt dies häufig dazu, dass die „natürlichen" Hungersignale verlernt werden.

Was: Welche Speisen wir essen, hängt von vielen Faktoren ab. Angeborene Vorlieben werden im Laufe des Lebens durch Kultur, Erfahrung und Tradition ergänzt. Die meisten Menschen haben ausgeprägte Ernährungsgewohnheiten, die sich nur schwer mit dem Versorgungsbedarf des Körpers erklären lassen. Die Motive für die Lebensmittelauswahl sind oft so wenig gesundheitsbezogen, dass **Ernährungsfehler** nicht ausbleiben *(siehe dazu den nächsten Abschnitt)*.

Wie viel: Der Körper registriert eine Verschlechterung seines Versorgungszustandes ebenso wie eine ausreichende Versorgung. Dann werden entsprechende Signale an das **Sättigungszentrum** im Gehirn geleitet. Das **Sättigungsgefühl**, das dabei entsteht, sorgt in der Regel dafür, dass die Nahrungsaufnahme eingestellt wird. Dazu tragen viele Faktoren bei *(vgl. Abb. 104 unten)*. Einige wirken **vor der Resorption** der Nährstoffe: das Riechen und Schmecken der Speisen, das Kauen, die Magenfüllung und der Verdauungsvorgang (präresorptive Signale). Diese Faktoren sorgen dafür, dass eine Mahlzeit **beendet** wird. Wie lange das Sättigungsgefühl **anhält**, hängt von Faktoren ab, die erst **nach der Resorption** der Nährstoffe wirksam werden (postresorptive Signale): Bei ausreichender Versorgung mit Traubenzucker und aufgefüllten Fettdepots lässt der nächste Hunger auf sich warten.

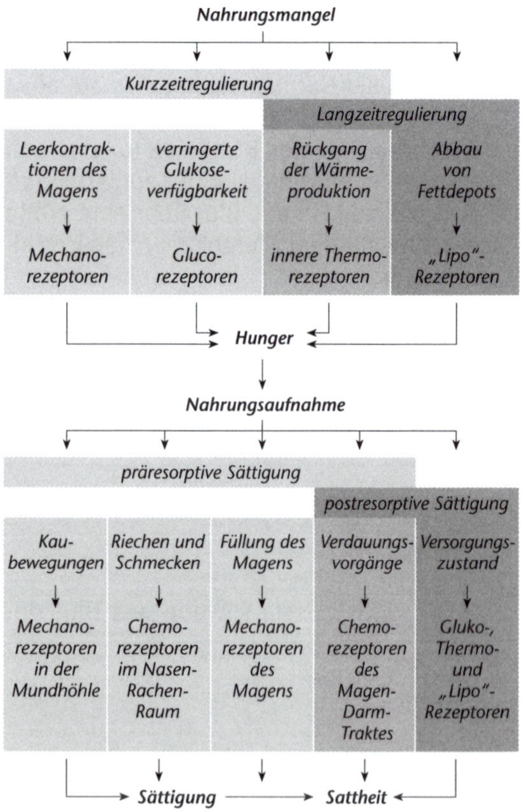

Abb. 104
Einflussfaktoren auf Hunger und Sättigung

7. Ernährungsfehler

„Der Mensch ist, was er isst" – dieses alte Sprichwort macht deutlich, dass der Zusammenhang von Gesundheit, Krankheit und Ernährung schon sehr lange bekannt ist. Die Ernährungsmedizin, die sich mit diesem Zusammenhang wissenschaftlich befasst, versucht herauszufinden, wodurch **ernährungsbedingte Krankheiten** hervorgerufen werden.
Von **Ernährungsfehlern** kann der Körper in ganz unterschiedlicher Weise betroffen sein. Grundsätzlich lassen sich unterscheiden:

- Stoffwechselkrankheiten,
- Krankheiten der Verdauungsorgane,
- Krebserkrankungen,
- Mangelerkrankungen,
- Herz- und Kreislaufkrankheiten.

Letztere entstehen in vielen Fällen als Folge von Stoffwechselkrankheiten, die ihrerseits meist erst bei Übergewicht auftreten.
Übergewicht (medizinisch: Adipositas*) ist die häufigste Folge fehlerhafter Ernährung. Es handelt sich in der Regel um eine übermäßige Ansammlung von Fettdepots im Unterhautgewebe. Diese **Fettdepots** resultieren *(vgl. Kap. C.2.3)* aus einer **Störung des Energiegleichgewichts**. Dazu kommt es unweigerlich, wenn die Kalorienzufuhr den Energiebedarf des Körpers dauerhaft übersteigt. Übergewichtige essen nicht unbedingt mehr als Normalgewichtige oder Schlanke. Alle Versuche, typische Essgewohnheiten zu identifizieren, die zu Übergewicht führen, sind bisher fehlgeschlagen. Übergewichtige **verbrauchen weniger**, sowohl im Grundumsatz (z.B. geringere Wärmebildung) als auch im Leistungsumsatz (z.B. Bewegungsmangel).
Wann ein Mensch als übergewichtig gilt, ist wissenschaftlich gar nicht eindeutig. Den meisten reicht ein Blick in den Spiegel. Aber welches Gewicht ist eigentlich anzustreben? Das bisher übliche Verfahren, sein „Normalgewicht" zu bestimmen, war die folgende Formel: **Körpergröße in cm minus 100.**

Danach darf ein 1,80 m großer Mensch 80 kg wiegen. Bei sehr großen und sehr kleinen Menschen versagt diese Formel allerdings. Diesen Mangel gleicht der Body Mass Index* (BMI) etwas aus, da die Werte stärker mit der Masse des Fettgewebes korrelieren*.

$$\text{BMI} = \frac{\textbf{Körpergewicht in kg}}{\textbf{(Körpergröße in m)}^2}$$

(Tipp: Noch einfacher geht's mit dem Schema auf S. 137.)

Für Frauen liegt das Normalgewicht bei einem BMI von 19 bis 24, für Männer von 20 bis 25. Übergewicht beginnt darüber. Bei einem BMI von über 30 wird Übergewicht zum gesundheitlichen Risikofaktor. Es fördert den Ausbruch vieler Stoffwechselkrankheiten wie zum Beispiel *Diabetes mellitus*. Nach neueren Befunden spielt der Typ des Übergewichts eine große Rolle. Fettansammlungen am Bauch („Apfel-Typ") sollen riskanter sein als im Gesäß- und Oberschenkelbereich („Birnen-Typ").

Aufgabe

C06 Berechnen Sie den BMI für eine Frau, die 1,72 m groß ist und 63 kg wiegt.

Literaturverzeichnis

Die nachfolgend aufgeführte Literatur diente den Autoren als Grundlage ihrer Arbeit. Dank auch den Teilnehmerinnen und Teilnehmern unserer Leistungskurse, die als Probanden so manchen Abschnitt mitgetragen haben und die einige Aufgabenstellungen „probelösen" durften.

Alberts, B. et al.	Molekularbiologie der Zelle, 4. Auflage, Weinheim 2004
Bils, W. / Dürr, G.	Übungsaufgaben und Antworten zu Kernthemen des Biologieunterrichts, Heidelberg 1984
Bongers, G. (Hrsg.)	Biologie des Menschen, Stuttgart 1989
Buschmann, C. et al.	Physiologie der Fotosynthese, Berlin 1985
Curtis, H.	Biology (2nd Edition), New York 1975
Deutsche Gesellschaft für Ernährung (Hrsg.)	Ernährungsberichte 1988 und 1996, Frankfurt am Main 1988 u. 1996
DIFF (Hrsg.)	Chemie der Zelle, II (Studienbriefe für Biologielehrer), Tübingen 1977
DIFF (Hrsg.)	Ernährung und Verdauung (Studienbriefe für Biologielehrer), Tübingen 1978
Daumer, K. / Schuster, M.	Stoffwechsel, Ökologie und Umweltschutz, München 1984
Förster, H.	Die Fettsucht – Probleme und Therapie, in: Medizin in unserer Zeit, 3/1980, S. 82–96
Gottschalk, G. et al.	Biotechnologie (ZDF-Studienprogramm), Köln 1986
Hamm, M.	Dick durch Diät?, München o. J.
Heß, D.	Pflanzenphysiologie, 10. Auflage, Stuttgart 1999
Ito, S. / Winchester, R.	The Fine Structure of the Gastric Mucosa, in: Journal of Cellular Biology, 16/1963
Keeton, W. T.	Biological Science (2nd Edition), New York 1972
Klinger, W.	Stoffwechsel und Energieumsatz, Mannheim 1990
Linder, H.	Biologie, Stuttgart 1983
Löwe, B.	Biochemie, Bamberg 1989
Markworth, P.	Sportmedizin. Band 1: Physiologische Grundlagen, Reinbek b. Hamburg 1983
Miram, W. / Scharf, K.-H.	Biologie heute, S II, Hannover 1988
Nultsch, W.	Allgemeine Botanik, Stuttgart 1974
Nultsch, W. / Grahle, A.	Mikroskopisch-Botanisches Praktikum für Anfänger, Stuttgart 1983
Pudel, V./Westenhöfer, J.	Ernährungspsychologie, Göttingen 1991
Richter, G.	Stoffwechselphysiologie der Pflanzen, Stuttgart 1988
Schäffler, A./Schmidt, S. (Hrsg.)	Mensch, Körper, Krankheit, Neckarsulm 1993
Scharf, K. et al.	Akademiebericht Nr. 34, Akademie für Lehrerfortbildung, Dillingen 1979
Schmidt, R. F./Thews, G. (Hrsg.)	Physiologie des Menschen, 29. Auflage, Berlin 2005
von Sengbusch, P.	Botanik, Hamburg 1989
Strasburger, E.	Lehrbuch der Botanik, 35. Auflage, Stuttgart 2002
Stryer, L.	Biochemie, Heidelberg 1990
Thews, G. / Mutschler, E. / Vaupel, P.	Anatomie, Physiologie, Pathophysiologie des Menschen, 5. Auflage, Stuttgart 1999
Weier, T. E. et al.	Botany (5th Edition), New York 1974
Westermann Verlag (Hrsg.)	Bio 3, Braunschweig 1992

Lösungen

Teil A

A01 *Seite 13*

In der linken Abbildung ist die **Substratspezifität** dargestellt. Das Enzym A kann nur mit seinem Substrat (S_1) einen Enzym-Substrat-Komplex bilden, weil beide wie Schlüssel und Schloss zueinander passen; die Reaktion findet statt.
In der rechten Abbildung ist die **Wirkungsspezifität** dargestellt. Enzym A kann das Substrat S_1 nur auf eine ganz bestimmte Weise spalten. Enzym B spaltet das gleiche Substrat in zwei andere Teile.

A02 *Seite 16*

Die niedrigen Temperaturen im Kühlschrank senken die Aktivität der Enzyme in den Lebensmitteln selbst und in den Bakterien und Pilzen, die auf ihnen wachsen.

A03 *Seite 16*

Die richtige Kurve sieht so aus:

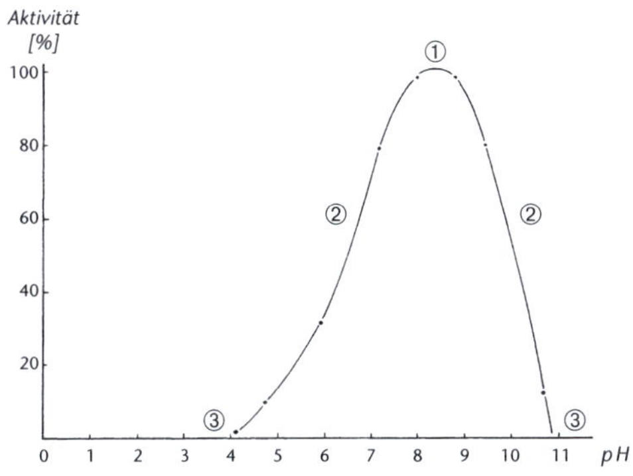

A04 *Seite 17*

a) Bei einem pH-Wert von 1–2 wird normalerweise die Raumstruktur von Enzymen irreversibel verändert; sie gerinnen. Mit geronnenen Enzymen sind selbst Bakterien nicht mehr lebensfähig.
b) Pepsin muss auf irgendeine Art und Weise diesem Gerinnungsprozess entgehen und sollte zugleich bei diesem pH-Wert sein Aktivitätsoptimum haben.

A05 *Seite 19*

a) Enzym B muss bei einer geringeren Glukose-Konzentration als Enzym A mit halbmaximaler Geschwindigkeit arbeiten (niedrigerer K_M-Wert).
b) Die Kurve für Enzym B kann so aussehen:

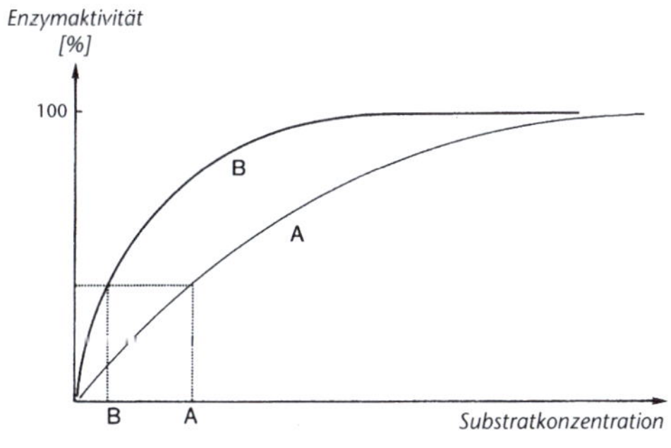

Seite 32 **A06**

In der Zellulose sind die Glukosemoleküle etwas anders miteinander verknüpft als in der Amylase. Dieser Unterschied verhindert, dass sich Zellulose an das aktive Zentrum von Amylasen anlagern kann (**Schlüssel-Schloss-Prinzip**).

Seite 33 **A07**

Die richtige Kurve sieht so aus:

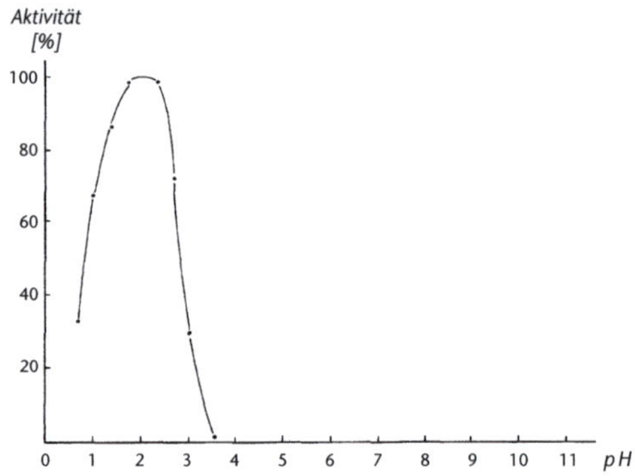

a) Das pH-Optimum von Pepsin liegt bei 2,0.
b) Im Rahmen der unspezifischen Abwehrmechanismen produziert der Magen Salzsäure, um mit der Nahrung aufgenommene Bakterien abzutöten. Durch das ungewöhnliche pH-Optimum ist das Pepsinmolekül an das saure Milieu im Magen hervorragend angepasst.

Seite 34 **A08**

Die **linke** Abbildung zeigt die **Belegzelle**. Sie enthält ungewöhnlich viele Mitochondrien; das bedeutet, dass diese Zelle sehr viel ATP herstellen muss. Da Belegzellen große Mengen an Wasserstoff- und Chloridionen aktiv gegen einen Konzentrationsgradienten von 1:1 Million in den Magen schleusen, sind sie auf diese immense ATP-Produktion angewiesen. Außerdem ist die Zellmembran zur Magenseite hin durch Einstülpungen und Mikrozotten stark vergrößert; das bedeutet, dass durch diese Membran eine intensive Transportarbeit geleistet wird.
Die **rechte** Abbildung zeigt die **Hauptzelle.** Sie enthält nur wenige Mitochondrien, ist aber reich mit rauem Endoplasmatischem Retikulum durchsetzt und enthält große, gefüllte Sekretvakuolen. Das deutet auf intensive Proteinbiosynthese hin. Außerdem sind in die Zellmembran zur Magenseite leere Exozytose-Vesikel integriert, über die das Pepsinogen in den Magen freigesetzt wurde.

Seite 35 **A09**

$C_6H_{12}O_6 + 6O_2 \longrightarrow 6\ CO_2 + 6H_2O$ + Energie

Seite 36 **A10**

(1.)
$C_6H_{12}O_6 + 6H_2O + 12NAD \longrightarrow 6CO_2 + 12\ NADH_2$
(2.)
$12NADH_2 + 6O_2 \longrightarrow 12H_2O + 12NAD$ + Energie

Seite 38 **A11**

Das dritte C-Atom, an dem sich die Phosphatgruppe befindet, hat außerdem noch zwei Wasserstoffatome gebunden. Diesen gegenüber entwickelt die Phosphatgruppe keine Abstoßungs-, sondern eher Anziehungskräfte. Die Abspaltung der Phosphatgruppe ist dadurch energetisch nicht begünstigt.

A12 *Seite 39*

a) $C_6H_{12}O_6 + 2NAD + 2ADP + 2\ Ⓟ \longrightarrow 2C_3H_4O_3 + 2NADH_2 + 2ATP$
b) Für die Phosphorylierungsreaktionen wurden 2 ATP verbraucht. 4 ATP wurden im Verlauf der weiteren Reaktionen zurückgewonnen. Die Energieausbeute beträgt demzufolge 2 ATP pro Molekül Glukose.

A13 *Seite 40*

$2C_3H_4O_3 + 2H_2O + 2NAD \longrightarrow 2CH_3COOH + 2CO_2 + 2NADH_2$

A14 *Seite 42*

a) $2CH_3COOH + 4H_2O + 6NAD + 2FAD \longrightarrow 4CO_2 + 6NADH_2 + 2FADH_2$
b) Es werden 10 Moleküle $NADH_2$ und 2 Moleküle $FADH_2$ pro Molekül Glukose gebildet.

A15 *Seite 48*

Um kontinuierlich ATP bilden zu können, muss im Innenraum immer eine ausreichende Menge an ADP vorhanden sein. Durch die Koppelung des ADP-Transportes in den Innenraum an den ATP-Transport aus den Mitochondrien ist gewährleistet, dass der ADP-Nachschub durch die ATP-Bildung selbst kontrolliert wird. Wird viel ATP produziert, verlässt auch viel ATP die Mitochondrien, wodurch ebenso viel ADP in den Innenraum gelangt.

A16 *Seite 49*

Werden die Elektronen vom $NADH_2$ in die Atmungskette eingeschleust, tragen alle **drei** Atmungsenzymkomplexe zum Aufbau eines H+-Ionen-Gradienten bei, der ausreicht, um pro Molekül $NADH_2$ **3** Moleküle ATP zu bilden. Werden die Elektronen vom $FADH_2$ eingeschleust, tragen nur noch **zwei** Atmungsenzymkomplexe zum Aufbau des H^+-Ionen-Gradienten bei; deshalb können pro Molekül $FADH_2$ auch nur **2** Moleküle ATP gebildet werden.

A17 *Seite 54*

a) $C_6H_{12}O_6 + 2ADP + 2\ Ⓟ \longrightarrow 2C_2H_5OH + 2CO_2 + 2ATP$
b) Pro Molekül Glukose werden 2 Moleküle ATP gebildet.

A18 *Seite 55*

a) $C_6H_{12}O_6 + 2ADP + 2\ Ⓟ \longrightarrow 2C_3H_6O_3 + 2ATP$
b) Pro Molekül Glukose werden 2 Moleküle ATP gebildet.

A19 *Seite 56*

Die Anhäufung der Milchsäure in den Muskelzellen würde die Wasserstoffionen-Konzentration erhöhen, der pH-Wert würde kleiner als 7 werden. Wegen der pH-Abhängigkeit würde sich die Enzymaktivität vermindern; die Muskelzellen würden immer weniger leisten.

A20 *Seite 58*

a) Der Reaktionszyklus muss **7-mal** durchlaufen werden, da beim letzten Durchlauf zwei Moleküle aktivierte Essigsäure entstehen.
b) 8 Moleküle aktivierte Essigsäure.
c)

aus dem Fettsäureabbau:	+ 7 $NADH_2$
	+ 7 $FADH_2$
aus dem Zitronensäure-Zyklus:	+24 $NADH_2$
	+ 8 $FADH_2$
Summe:	+31 $NADH_2$
	+15 $FADH_2$

d) Pro $NADH_2$ werden 3 ATP gebildet: 31 x 3 = 93 ATP
Pro $FADH_2$ werden 2 ATP gebildet: 15 x 2 = 30 ATP
Aus dem Zitronensäure-Zyklus: 8 GTP = 8 ATP
Aktivierung der Fettsäure: – 1 ATP
ATP-Ausbeute: 130 ATP

Seite 59 **A21**

Bedarf = persönliches Körpergewicht in kg x 0,8 g
Beispiel: Gewicht 75 kg; Bedarf = 75 x 0,8 g = 60 g Protein

Seite 61 **A22**

a) Der Durchsatz an Glukose und Fettsäuren verringert sich; folglich wird weniger aktivierte Essigsäure gebildet. Das bedeutet: Weniger NAD wird reduziert und dadurch weniger ATP gebildet.
b) Um eine allosterische Hemmung. ATP hat keinerlei Ähnlichkeit mit Glukose oder Fettsäuren; es kann also nicht über eine Blockierung der aktiven Zentren wirken.

Teil B

Seite 63 **B01**

Gewichtszunahme in fünf Jahren	Anteil der Stoffe aus dem Erdreich (**Mineralstoffe**)	Anteil des **Wassers** an der Gewichtszunahme	**Stoffe aus anderer Quelle**
Endgewicht 84,5 kg – Anfangsgewicht 2,5 kg =		Endgewicht 82 kg – Trockengewicht 15 kg =	15 kg – 60 g =
= 82 kg	60 g	= 67 kg	= 14 kg 940 g

Seite 65 **B02**

Eine der zahlreichen Möglichkeiten könnte z.B. folgendermaßen aussehen:

Zimmerpflanze ⟶ **Blattlaus** ⟶ **Marienkäfer**
Produzent — **Konsument 1. Ordnung** — **Konsument 2. Ordnung**

Seite 66 **B03**

Priestley zog die Schlussfolgerung, dass Pflanzen die (von Tieren oder brennenden Kerzenflammen) „verbrauchte Luft“ wieder in „gute Luft“ umwandeln.

Seite 66 **B04**

Wasser und **Kohlenstoffdioxid** werden mithilfe von Licht in der grünen Pflanze zu **Sauerstoff** und **Nährstoffen** umgebaut.

Seite 66 **B05**

Pflanzen sind **autotroph**. Sie stellen energiereiche Nährstoffe selbst her.
Tiere sind **heterotroph**. Sie ernähren sich von vorgefertigten, energiereichen Nährstoffen.

Seite 68 **B06**

Versuch 3 zeigt, dass die Fotosynthese **lichtabhängig** ist.
Versuch 4 zeigt, dass bei der Fotosynthese **Sauerstoff** gebildet wird.

B07 Seite 69

Gelbes Indigokarmin schlägt nach blau um, wenn es mit Sauerstoff in Berührung kommt. Dieser wird offensichtlich nur an den grünen Pflanzenteilen produziert.
Die Fotosynthese ist demnach abhängig vom Vorhandensein des **grünen Blattfarbstoffes** (Blattgrün).

B08 Seite 69

Das Indigokarmin behält seine gelbe Farbe. Dies zeigt, dass unter den Bedingungen von Versuch 6 auch die grünen Blätter keinen Sauerstoff bilden.
Da sowohl Licht als auch Blattgrün vorhanden sind, muss die Ursache darin zu suchen sein, dass das Wasser abgekocht wurde.
Derart vorbehandeltes Wasser enthält im Gegensatz zu normalem Leitungswasser kein **Kohlenstoffdioxid**. Das Fehlen dieses Gases erklärt den Stillstand des Fotosynthesegeschehens.

B09 Seite 70

Die charakteristische schwarzblaue Färbung nach Zugabe von Iod-Iodkalium-Lösung beweist die Anwesenheit von **Stärke**, die sich in den belichteten Blattabschnitten gebildet hat.

B10 Seite 70

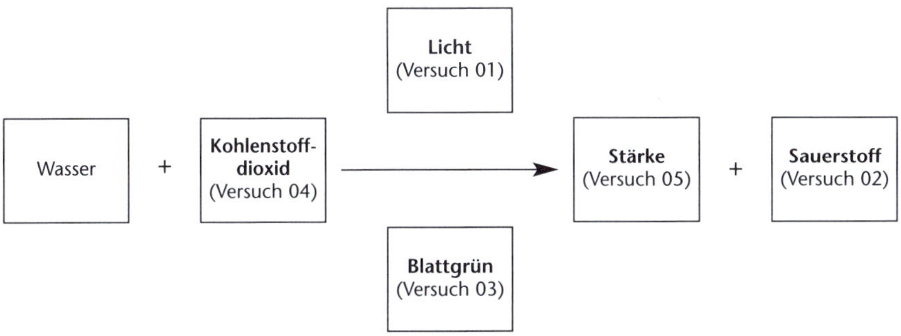

B11 Seite 71

Nur die Blattbereiche des panaschierten Blattes, die Blattgrün enthielten, weisen die für den Stärkenachweis charakteristische schwarzblaue Färbung auf.

B12 Seite 74

Durch zusätzliche CO_2-Begasung kann man die Konzentration dieses Gases über den natürlichen Wert von 0,035 Vol% hinaus in Richtung auf das Optimum von 0,15 Vol% steigern.
Die Fotosyntheserate der Gewächshauspflanzen wird demnach ansteigen und als erwünschter Effekt ergibt sich **schnelleres Wachstum**.

B13 Seite 75

Das **Maiglöckchen**
- erreicht den Kompensationspunkt bei geringer Lichtintensität, hat also bei relativ niedriger Beleuchtungsstärke bereits eine positive Stoffbilanz;
- erreicht die konstante maximale Fotosyntheseleistung bereits bei relativ niedriger Beleuchtungsstärke.

Der **Ackersenf**
- erreicht den Kompensationspunkt bei stärkerer Lichtintensität, hat also erst bei höherer Beleuchtungsstärke eine positive Stoffbilanz (ist demnach im Bereich niedriger Lichtintensität dem Maiglöckchen unterlegen);
- erreicht die deutlich höherliegende konstante maximale Fotosyntheseleistung bei relativ höheren Beleuchtungsstärken (ist demnach in Bereichen hoher Lichtintensität dem Maiglöckchen überlegen).

Der Kurvenverlauf des Maiglöckchens ist typisch für sogenannte **Schattenpflanzen.** Der Kurvenverlauf des Ackersenfs ist typisch für sogenannte **Sonnenpflanzen.**

Seite 77 **B14**

Chlorophyll a absorbiert hauptsächlich Licht aus dem Blau- und Rotbereich, während grünes Licht kaum absorbiert, sondern hauptsächlich reflektiert wird. Daher sehen die Blätter grün aus.

Seite 77 **B15**

a)

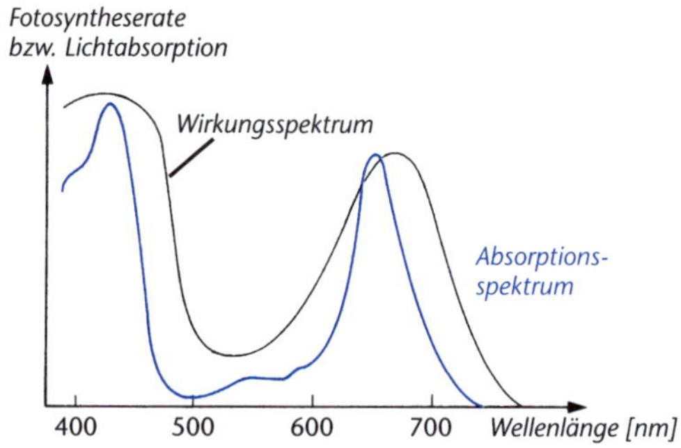

b) In den Spektralbereichen, in denen Chlorophyll a besonders viel Licht absorbiert (Blau- und Rotbereich), ist auch die Fotosyntheserate hoch.
In den Bereichen, in denen Chlorophyll a wenig Licht absorbiert, ist die Fotosyntheserate niedrig.

Seite 80 **B16**

Die Sauerstoff liebenden Bakterien sammeln sich direkt am Chloroplasten. Nur dort wird offensichtlich das Fotosyntheseprodukt Sauerstoff gebildet. Die Fotosynthese ist demnach an die Chloroplasten gebunden.

Seite 80 **B17**

Skizze vgl. Abb. 68; Hinweise zur Beschriftung im erläuternden Text.

Seite 83 **B18**

Die Unterbrechung der CO_2-Zufuhr bewirkt eine Unterbrechung der Fotosynthese. Der Akzeptor kann nicht mehr weiterreagieren und häuft sich an.

Seite 86 **B19**

a) Aus sechs Molekülen Kohlenstoffdioxid wird unter Verwendung des Wasserstoffs von 12 Molekülen $NADPH_2$ und unter Bereitstellung der Energie von 18 Molekülen ATP ein Molekül Glukose gewonnen.

b) $6CO_2 + 12NADPH_2 + 18ATP \longrightarrow C_6H_{12}O_6 + 12NADP + 18ADP + 18$ Ⓟ $+ 6H_2O$
(Die sechs Wassermoleküle können nicht aus der Abb. 72 hergeleitet werden, müssen aber korrekterweise in der Bilanzgleichung auftauchen.)

B20 *Seite 87*

Durch Verwendung von CO_2, in dem die normalen ^{16}O-Atome durch ^{18}O-Atome ersetzt waren. Der derart markierte Sauerstoff tauchte im Fotosyntheseprodukt Glukose auf.

$$6C\mathbf{O}_2 + 12H_2O \xrightarrow[\text{Chlorophyll}]{\text{Licht}} C_6H_{12}\mathbf{O}_6 + 6O_2 + 6H_2\mathbf{O}$$

B21 *Seite 90*

Bei diesem Versuch wird Aceton gleichzeitig als **Extraktionsmittel** und **Laufmittel** verwendet.
Es ergibt sich meist nicht eine Auftrennung in alle Farbstoffgruppen. Es sollte sich aber von oben nach unten am Kreidestück die Laufmittelfront abzeichnen, daran anschließend eine gelblich-orange Farbstoffzone und danach eine grüne Farbstoffzone.

B22 *Seite 92*

β-Carotin weist ebenfalls ein System **konjugierter Doppelbindungen** mit leichtanregbaren π-Elektronen auf. Es besitzt also auch die **Fähigkeit zur Lichtabsorption.**

B23 *Seite 92*

Als mögliche Anordnung der Chlorophyllmoleküle in der Thylakoidmembran ergibt sich z.B. folgendes Bild:

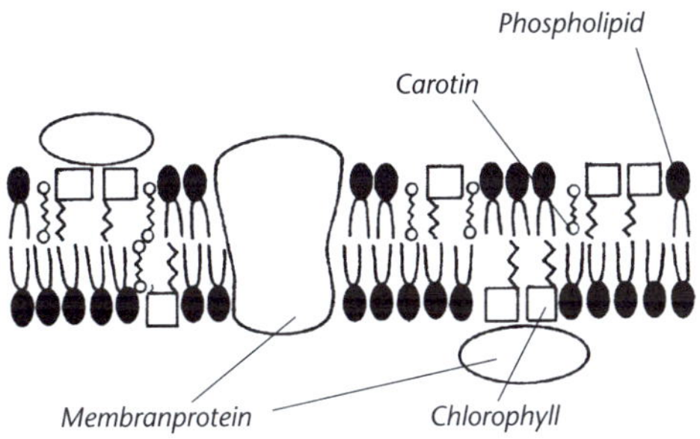

B24 *Seite 97*

H_2O Fotosystem II Kette von Redoxsystemen Fotosystem I Kette von Redoxsystemen **NADP**

B25 *Seite 99*

In beiden Fällen kommt es zum Aufbau eines **Konzentrationsgefälles** für H^+-Ionen (an der Thylakoidmembran des Chloroplasten bzw. an der inneren Mitochondrienmembran).
Beteiligt am Aufbau dieses H^+-Ionen-Gradienten ist jeweils ein **Elektronentransport-Mechanismus** („Primärprozesse" bzw. „Atmungskette").
Der H^+-Ionen-Gradient führt in beiden Fällen zu einer Wanderung der H+-Ionen durch die jeweilige Membran. Dabei wird Energie freigesetzt, die zur ATP-Bildung umgesetzt wird.

Seite 99 B26

a) $$12H_2O + 12NADP + 18ADP + 18\,\textcircled{P} \xrightarrow[\text{Chlorophyll}]{\text{Licht}} 6O_2 + 12NADPH_2 + 18ATP$$

$$6CO_2 + 12NADPH_2 + 18ATP \longrightarrow C_6H_{12}O_6 + 12NADP + 18ADP + 18\,\textcircled{P} + 6H_2O$$

Gesamtgleichung:

b) $$6CO_2 + 12H_2O \xrightarrow[\text{Chlorophyll}]{\text{Licht}} C_6H_{12}O_6 + 6O_2 + 6H_2O$$

c) Die Primärprozesse laufen in und an den Thylakoidmembranen ab.
Die Sekundärprozesse laufen im Stroma der Chloroplasten ab.

Seite 99 B27

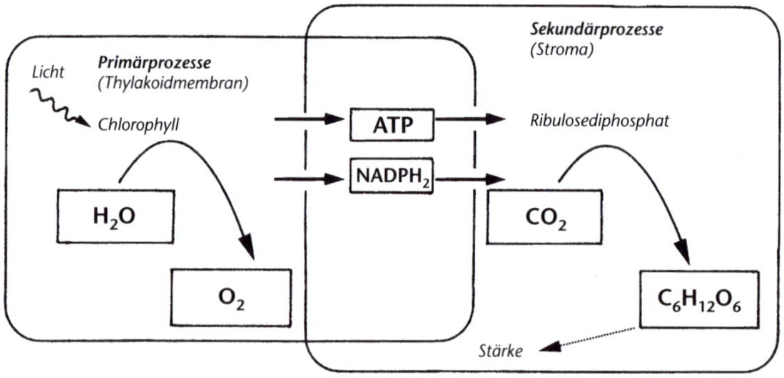

Seite 103 B28

C_4-Pflanzen: Die CO_2-Fixierung in Form von Malat und die Verarbeitung zu Kohlenhydraten im CALVIN-Zyklus sind **räumlich** voneinander getrennt (zwei verschiedene Zelltypen: Mesophyllzellen und Bündelscheidenzellen).
CAM-Pflanzen: Die CO_2-Fixierung in Form von Malat und die Verarbeitung zu Kohlenhydraten im CALVIN-Zyklus laufen in derselben Zelle ab, sind aber **zeitlich** voneinander getrennt (Nacht und Tag).

Seite 105 B29

a) Fotosynthese: **Lichtenergie** führt in den Primärprozessen zur Bildung der genannten Stoffe.
Chemosynthese: Energie aus der **Oxidation anorganischer Verbindungen** wird zur Bildung der genannten Stoffe verwendet.
b) Fotosynthese und Chemosynthese: In beiden Fällen läuft der CALVIN-Zyklus ab.

Teil C

Seite 109 C01

Den höchsten Energieinhalt besitzen Nahrungsmittel, die hauptsächlich aus Fett bestehen, wie Butter, Margarine, Mayonnaise, fette Wurst (z.B. Salami), Kartoffelchips, Vollmilchschokolade, Nüsse

Seite 109 C02

Der tägliche Grundumsatz eines 70 kg schweren Mannes beträgt 1680 kcal oder 6720 kJ (1 kcal oder 4 kJ x 24 Stunden x 70 kg).

Co3 Seite 113

Bedarf = persönliches Körpergewicht in kg x 0,8 g. Beispiel: Gewicht 75 kg;
Bedarf: 75 x 0,8 g = 60 g Protein.

Co4 Seite 123

a) b)
1 Mundhöhle,
2 Mundspeicheldrüsen,
3 Speiseröhre,
4 Magen,
5 Leber,
6 Gallenblase,
7 Bauchspeicheldrüse,
8 Zwölffingerdarm,
8 Dünndarm,
10 Dickdarm.

c)

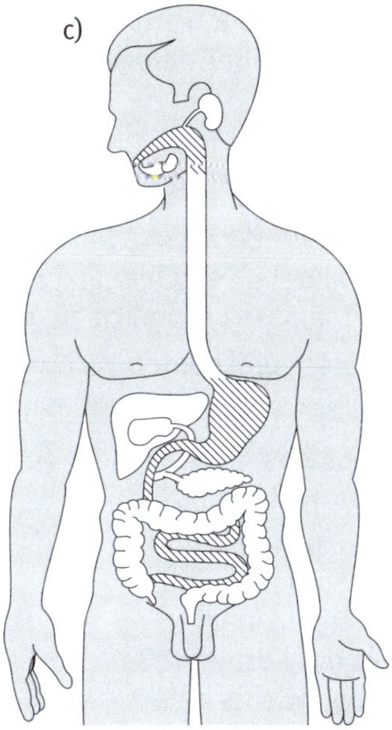

Co5 Seite 125

Die Hypophyse setzt daraufhin ebenfalls ein Hormon frei, das die Wasserdurchlässigkeit der Harnkanälchen verringert. Dem Primärharn wird dann weniger Wasser entzogen, der Harn wird weniger konzentriert und die Harnmenge größer.

Co6 Seite 127

$$\text{BMI} = \frac{63\ \text{kg}}{(1{,}72\ \text{m})^2} = 21{,}3$$

Vo8 Seite 118

Lösungen zu den Versuchen (soweit noch nicht im Text behandelt)
Bei zugehaltener Nase keine Unterschiede feststellbar, da der besondere Geschmack eines Nahrungsmittels erst durch die Information der Riechsinneszellen entsteht.

Vo9 Seite 119

Es bilden sich kleine weiße Flöckchen. Das sind die geronnenen Milchproteine.

Glossar

absorbieren von lat. absorbere = verschlucken

Adipositas von lat. adipis; Fettsucht, Fettleibigkeit; Bezeichnung für die übermäßige Vermehrung und Vergrößerung von Fettzellen

Affinität von lat. affinis = benachbart; Bezeichnung für das Bestreben von Atomen und Molekülen, eine Verbindung einzugehen

akzessorisch von lat. accedere (accessum) = hinzukommen

allosterisch von gr. allos = anders, verschieden und gr. stereos = (eigentlich) fest, hart, dauerhaft, massiv; räumlich ausgedehnt, dreidimensional

apparent von lat. apparere = erscheinen, sichtbar sein/werden

Assimilation von lat. assimilare = ähnlich machen, nachbilden

autotroph von gr. autos = selbst und trophe = Nahrung, Ernährung

BMI (Body Mass Index) Formel zur Berechnung eines medizinisch wünschenswerten Gewichts (vgl. S. 127); einfache Möglichkeit hierzu: Lineal zwischen Wert der Körpergröße und des Körpergewichts anlegen; der BMI kann direkt abgelesen werden.

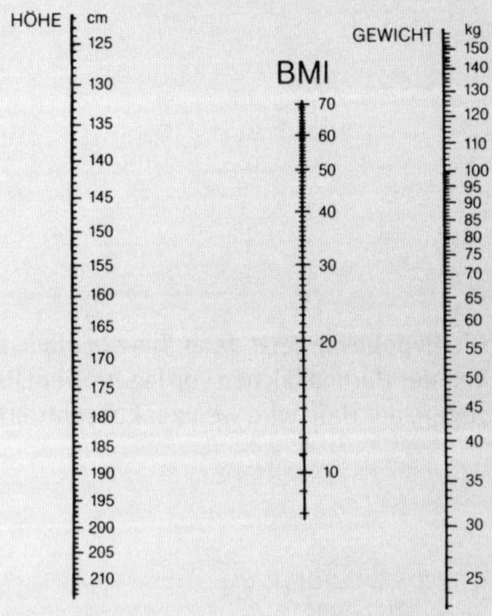

Abb. 105

Chlorophyll von gr. chloros = grünlich-gelb und phyllon = Blatt

chromatografisch von gr. chroma = Farbe und gr. grafein = schreiben

Cristae von lat. crista = Leiste, Kamm

denaturieren von lat. de = von, weg und natura = natürliche Beschaffenheit; aus seiner natürlichen Form bringen; hier: gerinnen

Destruent von lat. destruere = zerstören

Diabetes mellitus von gr. dia-bainein = überschreiten und lat. mellitus = hongsüß; Bezeichnung für die Zuckerkrankheit

Elektronenakzeptor von lat. accipere (acceptum) = annehmen

Elektronen-Carrier von engl. carry = tragen, befördern

Elektronendonator von lat. donare (donatum) = schenken

endergonisch von gr. endon = innen und gr. ergon = Arbeit; Bezeichnung für chemische Reaktionen, die mit Aufnahme von Energie einhergehen

exergonisch	von gr. ex = heraus und gr. ergon = Arbeit; Bezeichnung für chemische Reaktionen, die mit der Abgabe von Energie einhergehen
Exozytose	von gr. exo = nach außen, außerhalb und gr. kytos = Höhlung
Extraktion	von lat. extrahere (extractum) = herausziehen
Glykolyse	von gr. glykys = süß und gr. lysis = Auflösung
heterotroph	von gr. heteros = anders und gr. trophe = Ernährung, Nahrung
Katalysator	von gr. katalysis = Auflösung; Bezeichnung für chemische Substanzen, die chemische Reaktionen beschleunigen, ohne selbst verändert zu werden
Kompensationspunkt	von lat. compensare = ausgleichen
kompetitiv	von lat. competere = zusammen etwas begehren; zusammentreffen, -fallen
Konformation	von lat. conformis = gleichförmig; conformatio = harmonische Gestaltung; Bezeichnung für eine der verschiedenen räumlichen Anordnungsmöglichkeiten der Atome eines Moleküls
Konsument	von lat. consumere = verbrauchen
kooperativ	von lat. cum = (zusammen) mit und opus = Arbeit; zusammenarbeiten
korrelieren	von lat. relatio = Verhältnis, Beziehung
Lysosom	von gr. lysis = Auflösung und gr. soma = Körper; Bezeichnung für vom Golgi-Apparat gebildete Vesikel mit Verdauungsenzymen
metastabil	von gr. meta = nach, hinter oder auch: zugleich mit und lat. stabilis = fest; hier: Bezeichnung für reaktionsträge chemische Substanzen
Oxidation, oxidieren	von gr. oxys = scharf, sauer; Bezeichnung für die Anlagerung von Sauerstoff an eine Substanz oder Entzug von Wasserstoff
Phagozytose	von gr. phagein = verzehren und gr. kytos = Höhlung; Bezeichnung für Aufnahme von Partikeln ins Zellinnere
phosphorylieren	Bezeichnung für die Anlagerung einer Phosphatgruppe an eine organische Verbindung
Fotosynthese	von gr. phos (photos) = Licht und gr. synthesis = Zusammensetzung
Produzent	von lat. producere = hervorbringen
Reduktion, reduzieren	von lat. reductio = Zurückführung bzw. reducere = zurückführen; Bezeichnung für die Anlagerung von Wasserstoff an eine Substanz oder den Entzug von Sauerstoff
reflektieren	von lat. reflectere = rückwärtsbeugen, umwenden
resorbieren, Resorption	von lat. resorbere = wieder einschlürfen; Bezeichnung für die Aufnahme von Stoffen über die Haut oder Schleimhaut in das Blut oder die Lymphe
Spektrum	von lat. spectrum = Erscheinung
Stroma	von gr. stroma = Lager, Polster, Unterlage
Symbiose	von gr. symbion = zusammenleben
Thylakoid	von gr. thylakos = Sack, Beutel

Register